21世纪高等职业教育数字艺术与设计规划教材

Flash动画制作实例教程

○ 刘荷花　刘三满　主编

○ 严严　冯春辉　邱发林　副主编

人民邮电出版社

北　京

图书在版编目（ＣＩＰ）数据

Flash动画制作实例教程 / 刘荷花，刘三满主编. --
北京：人民邮电出版社，2011.4
21世纪高等职业教育数字艺术与设计规划教材
ISBN 978-7-115-23894-8

Ⅰ．①F… Ⅱ．①刘… ②刘… Ⅲ．①动画－设计－图
形软件，Flash CS3－高等学校：技术学校－教材 Ⅳ.
①TP391.41

中国版本图书馆CIP数据核字(2010)第197518号

内 容 提 要

　　Flash CS3 是一款出色的动画制作软件，本书详细地介绍了 Flash CS3 在图形绘制、动画制作和
程序编辑等方面的主要功能，以及在实际应用中涉及的各领域等方面的知识。

　　全书分为两大部分：基础知识部分和技能培训部分，第一部分为第 1 章、第 2 章，通过详细的
介绍并配以适当的案例，使读者对 Flash CS3 的软件功能及使用 Flash CS3 进行动画制作的基础知识
有一个全面的认识、了解。第二部分为第 3 章～第 10 章，针对 Flash 应用的各个领域，每章以"课
堂案例、课堂练习、课后实训"的顺序，依次介绍了 Flash 在这些领域的应用情况，以及 Flash 在实
际应用中的方式、技巧等方面的知识，使读者在进一步掌握 Flash CS3 的软件功能的同时，对 Flash
在各领域中的应用有更全面的认识。

　　在随书光盘中，包含了本书的所有实例的素材文件、输出影片、工程项目完成文件，以及软件
主体编辑功能的多媒体教学视频，方便读者学习参考和引用练习。

　　本书适合作为高职高专 Flash 动画教材，也可供专业设计人员、动画爱好者学习参考。

21 世纪高等职业教育数字艺术与设计规划教材

Flash 动画制作实例教程

- ◆ 主　　编　刘荷花　刘三满
  副 主 编　严　严　冯春辉　邱发林
  责任编辑　王　威
  执行编辑　蒋　勇
- ◆ 人民邮电出版社出版发行　　北京市崇文区夕照寺街 14 号
  邮编　100061　　电子函件　315@ptpress.com.cn
  网址　http://www.ptpress.com.cn
  大厂聚鑫印刷有限责任公司印刷
- ◆ 开本：787×1092　1/16　　　　彩插：4
  印张：12　　　　　　　　　　2011 年 4 月第 1 版
  字数：281 千字　　　　　　　2011 年 4 月河北第 1 次印刷

ISBN 978-7-115-23894-8
定价：33.00 元（附光盘）
读者服务热线：**(010)67170985**　印装质量热线：**(010)67129223**
反盗版热线：**(010)67171154**
广告经营许可证：京崇工商广字第 0021 号

前　言

随着网络技术的发展，网络动画的应用越来越广泛，从基本的 Flash 贺卡、网页动画发展到复杂的手机彩信、动画游戏。为了和实际企业接轨，各高职院校的 Flash 课程也进行了课程改革。本书就是教学改革的成果。

本书用简洁易懂的语言、实用的实例、丰富翔实的图解，引导读者从认识了解矢量动画编辑软件与互动程序编辑软件——Flash 开始，循序渐进地学习并掌握进行各种动画、互动程序的编辑技能。

本书内容分为两个部分共 10 章。第一部分为基础篇，包括第 1 章和第 2 章，通过详细的介绍并配以适当的案例，使读者对 Flash CS3 的软件功能及使用 Flash CS3 进行动画制作的基础知识有一个全面的认识、了解。在第 1 章中，通过一个案例使读者快速掌握在 Flash 中新建影片并修改、发布的方法。在第 2 章中，对 Flash 的各种工具进行了详细的介绍，然后通过实际制作使读者掌握各种工具的使用方法及技巧。

第二部分应用篇，包含第 3 章～第 10 章，针对 Flash 应用的各个领域，每章通过"课堂案例"、"课堂练习"、"课后实训"，依次介绍了 Flash 在这些领域的应用。其中，第 3 章通过学习制作各种 Flash 电子贺卡，使读者进一步熟悉各种工具的使用方法及动画创建的技巧。第 4 章介绍了 Flash 在手机应用领域的作用，及使用 Flash 制作不同手机彩信的方法。第 5 章课件的制作，在介绍不同课件的同时，初步介绍了 Flash 动作代码的相关知识。第 6 章介绍了使用 Flash 制作各种网页广告及设计网页广告的相关知识。第 7 章通过不同电子相册的制作，使读者进一步了解 Flash 的动作代码。第 8 章介绍了 Flash 各种多媒体组件的应用及自定义组件的相关知识。第 9 章介绍了使用 Flash 制作网站片头、电视片头等方面的方法及技巧。最后，第 10 章总结性地介绍了使用 Flash 制作各种精彩互动游戏的方法，使读者在Flash 动画、程序编辑等方面都有全面的提升。

在本书的配套光盘中提供了本书所有实例的源文件、素材和输出文件，以及全书所有"课堂练习"与"课后实训"实例的多媒体教学视频，方便读者在学习中参考。

本书由刘荷花、刘三满任主编，严严、冯春辉、邱发林任副主编，参与本书编写与整理的设计人员有：尹小港、高山泉、徐春红、覃明揆、周婷婷、唐倩、黄莉、刘小容、张颖、黄萍、李洁、李英、骆德军、刘彦君、张善军、何玲、李瑶、周敏、赵璐、张婉、曾全、李静、黄琳、曾祥辉、诸臻、付杰、翁丹等。由于编写水平有限，书中难免有疏漏之　　敬请读者批评指正。

本书适合作为高职高专 Flash 动画教材，也可供专业设计人员、动画爱好者

目录

第1章
Flash 动画制作基础知识

本章知识要点

◈ 了解 Flash 的作用

◈ 认识 Flash 软件的界面、功能等

◈ 掌握 Flash 模板的使用及影片的发布

本章学习导读

要想制作出漂亮的动画影片、精彩的互动程序，就必须先了解 Flash 这款软件的各种功能、特点。本章先对 Flash 的各功能面板进行了详细的介绍，然后通过一个简单的案例使读者快速掌握使用 Flash 新建影片、编辑影片、发布影片的方法。

1.1　走进 Flash 的世界

Flash 是一种交互式动画设计工具，它可以将音乐、声效、动画以及富有新意的界面融合在一起，以制作出高品质的网页动态效果。Flash 作为一种创作工具，设计人员和开发人员可使用它来创建演示文稿、应用程序或其他允许用户交互的内容。Flash 制作的影片可以包含各种动画、视频内容、复杂演示文稿和应用程序以及介于它们之间的任何内容。

Flash 特别适用于创建通过 Internet 传播的内容，因为它的文件非常小。它是通过广泛使用矢量图形做到这一点的，与位图图形相比，矢量图形需要的内存和存储空间要小很多。

Flash 被称为是 "最为灵活的前台" 是由于其独特的时间片段（TimeLine）分割和重组（MC 嵌套）技术，结合 Action Script 动作代码的对象和流程控制，使得在灵活的界面设计和动画设计成为可能，同时它也是最为小巧的前台。Flash 具有跨平台的特性，所以无论处于何种平台，只要安装了支持的 Flash Player，就可以保证它们的最终显示效果的一致。Flash 的应用领域主要包括以下几方面。

◈ 应用程序的开发：由于其独特的跨平台特性、灵活的界面控制以及多媒体特性的使用，使得用 Flash 制作的应用程序具有很强的生命力。在与用户的交流方面具有其他任何方式都无可比拟的优势。当然，某些功能可能还要依赖于 XML 或者其他诸如

JavaScript 的客户端技术来实现。

◆ 软件系统界面的开发：Flash 对于界面元素的可编辑性和它最终能得到的效果无疑具有很大的优势。对于一个软件系统的界面，Flash 强大的绘制功能完全可以胜任。

◆ 移动平台的开发：移动平台的开发包含的手机界面设计和各种娱乐软件的设计，随着越来越多的手机支持 Flash，使 Flash 在移动领域的空间十分巨大。

◆ 游戏开发：Flash 在游戏开发方面已经进行了多年的完善。通过 Flash 可以制作出各种精彩、有趣的小游戏，而最新的 Action Script 3 版本的动作代码，使得通过 Flash 制作大型游戏成为了可能。

◆ Web 应用服务：其实很难界定 Web 应用服务的范围究竟有多大，它似乎拥有无限的可能。随着网络的逐渐渗透，基于客户端-服务器的应用设计也开始受到欢迎和逐渐普及，一度被誉为最具前景的方式。

◆ 站点建设：使用 Flash 制作全站带来的好处十分明显：便捷的全面控制，无缝的导向跳转，更丰富的媒体内容，更体贴用户的流畅交互，跨平台与客户端的支持，以及与其他 Flash 应用方案无缝连接集成等，可以使网站更加精彩。

◆ 多媒体娱乐：Flash 本身就以多媒体和可交互性而广为推崇。它所带来的亲切氛围相信每一位用户都会喜欢，很多人都是因为喜欢他，然后学习他，最后制作出各种精彩的动画等。

1.2 认识 Flash CS3

Flash CS3 Professional 是 Flash 家族中的一员，它不但在动画创建和编辑功能上进行了增强，还加强了 Flash 在网络、多媒体方面的应用功能，使 Flash 及其开发的产品能够适用于一个更为广大的领域。请先确认计算机上已经正确安装好了中文版的 Flash CS3 Professional（后文简称 Flash CS3），然后一起来对它的开发环境进行快速的浏览。

在启动 Flash CS3 后，首先看到的是开始页面，在这里可以选择快速地打开最近编辑的项目，还可以创建不同的新项目，以及从模板创建新项目等，如图 1-2 所示。

左 图 1-1

右 图 1-2

◆ 打开最近项目：在该列表中，显示了在 Flash CS3 中最近打开过的影片文件（初次启动时，没有最近打开文件记录）。单击"打开…"按钮，可以打开"打开文件"对话框，选择需要的影片文件并打开。单击下面的影片文件名称，即可快速地打开之前的影片文件，继续进行需要的编辑，如图 1-3 所示。

◆ 创建新项目：该列表中罗列了 Flash CS3 能够创建的所有新项目，从而使用户可以快速地创建需要的编辑项目。使用鼠标点击下面的各种新项目名，进入相应的编辑窗口，快速地开始新的编辑工作。

◆ 从模板创建：该列表包含了多种类别 Flash 影片模板，这些模本可以帮助用户快速、便捷地完成 Flash 影片的制作。选择需要的模板类别，打开相应的"从模本新建"对话框，在该对话框的"模板"列表中选择合适的模板进行编辑，如图 1-4 所示。

左 图 1-3

右 图 1-4

勾选开始页面左下角的"不再显示此对话框"选项，可以使每次启动 Flash CS3 后不显示开始页面，直接打开一个新的 Flash 文档。执行"编辑→首选参数"命令，可以在首选参数面板的"启动时"选单中选择"显示开始页"选项，恢复开始页面的显示。

Flash CS3 的界面结构规则合理，各功能面板的位置也井井有条。熟悉 Flash CS3 的工作界面，可以为 Flash 动画影片的制作打下良好的基础。

1.2.1　工作区中的组件与面板

单击开始页面中"创建新项目"列表下的"Flash 文档"命令，创建一个新的 Flash 文档。也可以执行"文件→新建"命令，在"新建文档"面板中选择新建一个 Flash 文档，如图 1-5 所示。

图 1-5

这时 Flash CS3 的工作界面便呈现在眼前，如图 1-6 所示。

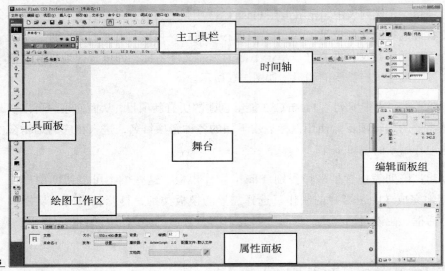

图 1-6

主要工具栏

　　主要工具栏包含动画制作过程中经常使用到的一些基础工具，如新建、打开、保存、打印、剪切、复制、粘贴、撤销、重做、贴紧至对象、平滑化、旋转、缩放、对齐对象等。如果标准工具栏目前不可见，可以执行"窗口→工具栏→主工具栏"命令来打开它。

时间轴

　　时间轴位于 Flash 主要工具栏的下方，用于显示影片长度、帧内容、影片结构等信息。通过该窗口，用户可以进行不同动画的创建，设置图层属性，为影片添加声音等操作，它是 Flash 中进行动画编辑的基础。

绘图工作区

　　绘图工作区通常又称作"工作编辑区"，是 Flash 影片制作中进行图形绘制、编辑的地方。其中白色的矩形区域被称作"舞台"，"舞台"中包含的图形内容就是在 Flash 影片播放时所显示的内容。通过时间轴下方的设置按钮，可以自由设置"舞台"的大小和背景色等。按下工作区右上角的显示比例按钮，可以对工作区的视图比例进行快捷的调整。

工具面板

　　工具面板位于绘图工作区的左边，包含了用于进行矢量图形绘制和编辑的各种操作工具，主要由绘图工具、查看工具、色彩填充、工具属性 4 大功能板块构成，并可以通过左上角的收缩按钮收缩，如图 1-7 所示。

属性面板

　　默认情况下，属性面板位于绘图工作区的下方。属性面板可以根据所选对象的不同，显示其相应的属性信息并进行编辑修改，如图 1-8 所示。属性面板上的"滤镜"、"参数"两个标签，还可以完成一些特殊对象的效果、参数等设置，如图 1-9、图 1-10 所示。

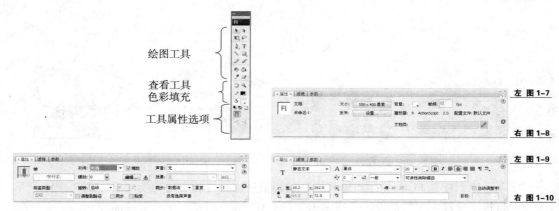

绘图工具

查看工具
色彩填充

工具属性选项

左 图1-7

右 图1-8

左 图1-9

右 图1-10

编辑面板组位于绘图工作区的右侧，包含了一系列辅助图形绘制、元件管理的功能面板。可以根据用户的工作习惯，对该面板组内的各功能面板的位置，是否显示等进行调整，以达到尽可能提高工作效率的目的。

信息面板

信息面板是用以显示和设置执行所选择对象相关信息的面板，并可以获取当前鼠标位置坐标和色彩信息，如图1-11所示。执行"窗口→信息"命令（快捷键为"Ctrl+I"），打开 Flash CS3 的信息面板。

变形面板

变形面板是用以对选取的图形进行大小比例、旋转及倾斜角度等的编辑控制的面板，如图1-12所示。执行"窗口→变形"命令（快捷键为"Ctrl+T"），可打开变形面板。

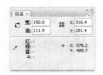  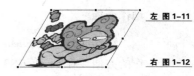

左 图1-11

右 图1-12

对齐面板

该面板用于调整图形间的相对位置，使用该面板可以快速完成对多个图形的排列、对齐编辑，如图1-13所示。执行"窗口→对齐"命令（快捷键为"Ctrl+K"）或按下顶部主要工具栏中的"对齐"按钮，可以打开对齐面板。

混色器面板

混色器面板是对绘制图形的线条和填充区域的颜色、填充类型、溢出等进行设置的功能面板，如图1-14所示。执行"窗口→混色器"命令（快捷键为"Shift+F9"），打开 Flash CS3 的混色器面板。

颜色样本面板

Flash CS3 在颜色样本面板中以色相列表的方式，为用户提供了 216 种网络安全色彩模块。还可以通过面板右上角的下拉菜单，将常用的色彩添加到面板中以及设置需要的配色管理方案，如图1-15所示。执行"窗口→颜色样本"命令（快捷键为"Ctrl+F9"），打开颜色样本面板。

左 图 1-13

右 图 1-14

库

　　库面板是 Flash 中用以管理影片编辑所使用元件的重要功能面板，如图 1-16 所示。可以执行"窗口→库"命令（快捷键为"Ctrl+L"或"F11"）来打开该面板。

左 图 1-15

右 图 1-16

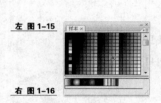 

影片浏览器

　　影片浏览器用于查看影片的编排结构及各种角色内容，选择和修改动画组成元素，如图 1-17 所示。可以执行"窗口→影片浏览器"命令（快捷键为"Alt+F3"）来打开影片浏览器面板。

动作面板

　　动作面板是在 Flash 中进行互动功能编辑时为影片添加动作代码的重要功能面板，其操作的方便性在 Flash CS3 中得到了很好的完善。新增加的"脚本助手"功能，能帮助你方便地在互动影片的创作中快速、准确地进行脚本编辑，如图 1-18 所示。执行"窗口→动作"命令（快捷键为"F9"）可以打开该面板。

左 图 1-17

右 图 1-18

帮助面板

　　帮助面板用于查看所有指令的功能、语法含义及参数设置等内容，使用该面板可以帮助用户更有效地进行脚本编辑的学习。按下"F1"可以打开该面板。

1.2.2 工作区布局的调整与管理

Flash CS3 采用卷展、堆栈的方式来组织整个视窗中的各个功能面板，这样不仅可以使窗口美观，还可以为用户节约大量的编辑操作空间。

单击功能面板左上角的名称，可以将该功能面板卷起为一个功能条，再次单击可以将面板展开，如图 1-19 所示。

图 1-19

此外，用户还可以使用鼠标将选中的功能面板拖曳到视窗的任何位置，使其浮于视窗上方，也可以将功能面板整合到视窗的任何位置。在功能面板与功能面板之间，Flash CS3 更人性化地增加了组合功能，将多个面板自由地组合为一个多功能的超级面板，使其在最大限度地节约空间的同时适合用户的操作习惯，如图 1-20 所示。

图 1-20

1.3 文档的基本操作

对文档的设置，是 Flash 中对编辑文件及输出的动画影片基本信息的设置，是动画制作过程中必不可少的一个步骤。

1.3.1 修改文档属性和保存文档

创建一个新的 Flash 空白文档，执行"修改→文档"命令（快捷键为"Ctrl+J"），或者双击时间轴下方的"帧频率"栏，打开"文档属性"窗口，如图 1-21 所示。在"文档属性"窗口中，用户可以对 Flash 影片的名称、描述、尺寸等进行修改，从而创建出不同的空白 Flash 文档。

◇ 标题：置于 SWF 元数据中的标题。

◇ 描述：置于 SWF 元数据中的描述。

◇ 尺寸：用于设置 Flash 文档中舞台的大小，即播放影片的大小。

◇ 匹配：设置打印机的匹配范围。

◇ 背景颜色：用于设置 Flash 编辑文档的背景颜色。

◇ 帧频：设置影片播放的速度，即每秒播放的帧数。

◇ 标尺单位：设置标尺的显示单位，一般默认为"像素"。

◆ 设为默认值：完成上面各项的设置后，按下该按钮，可将修改后的参数保存为默认
设置，便于用户处理大量同类型动画影片的编辑。

当制作完成 Flash 影片后，执行"文件→保存"命令（快捷键为"Ctrl+S"），将完成的
Flash 文档保存到目标文件夹中，也可以按下主要工具栏中的"保存"按钮，保存该文档。

执行"文件→另保存"命令，在"另存为"对话框中，选择好保存路径并设置好文件名
称后，在"保存版本"下拉菜单中选择"Flash 8 文档"，将制作完成的 Flash 影片另存为 Flash
8 文档，便于低版本的 Flash 用户进行编辑，如图 1-22 所示。

左 图1-21

右 图1-22

1.3.2 从模板新建影片文件并发布

在 Flash CS3 中有许多功能强大的模板，这些模板已经编辑好了完整影片架构。在制作
时，只需根据提示，将模板影片中的编辑元件进行修改或更换，便可快速、轻松地创作出一
个内容全新的动画影片。下面就以"照片幻灯片放映"模板为例，制作一个以绿色植物欣赏
为主题的精美幻灯影片。

这个 Flash 动画影片是用 Flash CS3 提供的功能模板"照片幻灯片放映"创建的，因为在
该模板中已经设置好了各种功能元件及动作脚本，所以只需要对模板中相应的图形内容做简
单的替换或修改，即可轻松完成该幻灯片的制作。请打开配套光盘中"\实例文件\第 1 章\课
堂案例\"目录下的"幻灯片.swf"文件，欣赏这个动画影片。

步骤1 启动 Flash CS3 进入到开始页面，单击"从模板创建"列表下的"更多"命令，在
弹出的"从模板新建"窗口中，选择"照片幻灯片放映"模板，单击右下角的确定
按钮，创建幻灯片放映影片，如图 1-24 所示。

步骤2 Flash CS3 的编辑窗口打开后，即可看见幻灯片模板影片中的内容了，如图 1-25 所示。

这个幻灯片模板是由 7 个图层构成，如图 1-26 所示。每个图层都有着不同的作用和显
示内容，它们组合在一起就构成了这个"照片幻灯片放映"模板。

◆ _actions 图层：该图层添加了使影片停止的动作脚本。

◆ Title，Date 图层：该图层用于显示影片的标题。

◆ Captions 图层：该图层用于放置每张图片的说明内容。

◆ _Controller 图层：该图层用于放置图片播放控制器和图片浏览计数器。

左 图 1-23

右 图 1-24

左 图 1-25

右 图 1-26

◈ _Overlay 图层：该图层安放了幻灯片标题和说明文字的衬底。

◈ Transparent Frame 图层：该图层安放了图片四周的挡板。

◈ Picture Layer 图层：该图层用于放置需播放的图片。

步骤 3 用鼠标框选中所有图层的第 12 帧（时间轴上的每一个单元格称为一个"帧"，是 Flash 动画最小的时间单位），执行"插入→时间轴→帧"命令或按下"F5"，将所有的图层的长度增加到第 12 帧，如图 1-27 所示。

步骤 4 删除"picture layer"图层中的所有图片，框选中该图层的第 5 帧至第 12 帧，按下鼠标右键，在弹出的命令菜单中选择"转换为空白关键帧"命令，将该图层的每一帧都变为空白关键帧，如图 1-28 所示。

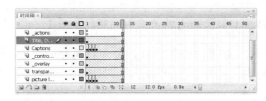
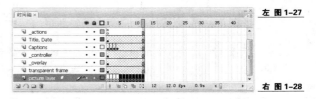

左 图 1-27

右 图 1-28

步骤 5 选中"Picture Layer"图层的第 1 帧，执行"文件→导入→导入到舞台"命令，将本书配套光盘"\实例文件\第 1 章\课堂案例\"目录下的图片文件导入到影片中。在弹出的"导入"窗口中选定第 1 张图片，然后按下"打开"按钮，如图 1-29 所示。

步骤 6 这时会弹出一个对话框，询问你是否希望导入该序列中的所有图像，按下"是"按钮，将"001～012"序列中的 12 张图片都导入到舞台，如图 1-30 所示。

左 图 1-29

右 图 1-30

步骤 7　这时 12 张图片就分别放置到了 "Picture Layer" 图层的第 1 帧至第 12 帧中，但是会发现图片的大小与影片的大小不一致，下面就来解决这个问题。先选中 "Picture Layer" 图层第 1 帧中的图片 "001"，然后在信息面板中将其大小改为宽 640、高 480，如图 1-31 所示，这样图片就和影片一样大了。

步骤 8　选中 "Picture Layer" 图层第 2 帧中的图片 "002"，然后在变形面板中缩小其大小比例为 40%，如图 1-32 所示，再调整好其位置。

步骤 9　参照上面的两种方法，调整好其余图片的大小和位置。

步骤 10　使用工具面板中的文本工具修改 "Title，Date" 图层的标题文字，如图 1-33 所示。

左 图 1-31

中 图 1-32

右 图 1-33

步骤 11　通过属性面板修改字体为黑体，大小为 11，使画面效果更加美观，如图 1-34 所示。

步骤 12　选中 "Captions" 图层中的所有显示帧，按下 "F7" 将它们全部转换为关键帧，再参照上面的方法修改每帧中的说明文字，如图 1-35 所示。

步骤 13　执行 "文件→导入→导入到舞台" 命令或按下组合键 "Ctrl+R"，导入配套光盘 "\实例文件\第 1 章\课堂案例\" 目录下的声音文件 "bgsound"，然后将其添加到 "_actions" 图层的第 1 关键帧并在属性面板中设置同步为事件、循环，如图 1-36 所示。

步骤 14　按下组合键 "Ctrl+S" 保存文件，然后执行 "控制→测试影片" 命令或按下组合键 "Ctrl+Enter" 快捷键，测试幻灯片的完成效果，如图 1-37 所示。

左 图 1-34

右 图 1-35

左 图 1-36

右 图 1-37

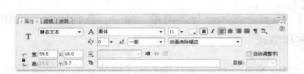

请打开配套光盘 "\实例文件\第 1 章\课堂案例\" 目录下的 "幻灯片 fla" 文件, 查看本实例的具体设置。

1.4 导出与发布影片

1.4.1 影片发布设置

在 Flash 影片编辑完成后, 不仅可以通过上面的方法快速的生成影片, 还可以通过 "文件→发布设置" 命令和 "文件→发布" 命令对发布的影片版本、品质等方面进行设置, 将其发布为不同类型的文件。打开 "发布设置" 对话框, 勾选 "格式" 标签中的格式名称, 即可在对话框中显示出该文件格式的发布设置标签, 如图 1-38 所示。

图 1-38

1.4.2　导出影片为图像

Flash 强大的矢量图形绘制功能，使其不仅仅可以编辑制作动画影片，还可以绘制精美的静态图片作品。因为 Flash 编辑完成的制作文件不能保存为可以直接观看或应用的图片文件，只能保存为 fla 格式的文件，所以要得到单幅的图片，就需要将其从 Flash 中导出。

当绘制、编辑完了图形之后，执行"文件→导出→导出图像"命令，在弹出的"导出图像"窗口中就可以设置导出图像的名称和格式。

在 Flash 支持的导出图片格式中，emf、wmf、eps、ai、dxf 这几种格式的是矢量图形文件，这种格式的图片其最大的优点就是可以随意放大、缩小而不会失真，但处理照片类的图片就会严重失真。而与其正好相反，bmp、jpg、gif、png 这几种位图格式的图形文件，能清晰地表现照片类的图片，但不能随意放大、缩小，当放大、缩小到一定程度时就会失真。因此在导出位图格式的图形文件时，就需要对图片的尺寸、分辨率等进行设置，使之能达到最佳的效果，如图 1-39 所示。

图 1-39

1.4.3　导出影片为电影

随着 Flash 应用领域的逐渐扩大，Flash 动画影片已经不局限于在网络中传播、播放了，使用 Flash 制作的广告、动画片等已经开始进军电视市场，并受到广大的欢迎。然而 Flash 的动画播放文件是 swf 格式，需要在计算机上用特有的播放器播放，不适合在电视中传播。但这难不到 Flash CS3，其导出影片功能就可以将制作完成的动画影片导出为常见的视频文件。

执行"文件→导出→导出影片"命令，设置好名字，选择格式为 AVI，然后按下"保存"按钮，在弹出的"导出 Windows AVI"窗口中就可以设置导出影片的尺寸、格式等，如图 1-40 所示。

图 1-40

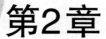

第2章

图形绘制与动画编辑

本章知识要点

◆ 掌握 Flash 中各种工具的使用方法

◆ 学习 Flash 中图形编辑的技巧

◆ 了解 Flash 中动画的种类及创建的方法

本章学习导读

本章先详细介绍了 Flash 中各种工具的使用方法和技巧，及各种动画的基本知识，然后结合案例使读者掌握 Flash 中绘制图形的方法和创建动画的技巧。

2.1 选取工具

在进行图形编辑时，常常只需要对图形中的一部分进行编辑，这时候使用下列选取工具就可以帮助你轻松地实现对图形的选取。

2.1.1 选择工具

"选择工具" ：Flash 中最常用的工具，用于对图形进行选取、移动及造型处理等。

◆ 选取和移动：在工作区中单击绘制的图形，被点选的线条或填充颜色方块以白色的点阵显示，即表明该图形已经被选取。如果是组合或元件，将以蓝色边框显示被选取状态。位图则是以灰色边框表示被选中。在选中一个图形后按住 "Shift" 键，可以再选取多个图形内容。在选取的图形范围上按住鼠标并拖曳，即可将所选图形移动。

◆ 造型编辑：将光标移动到线条或图形的边缘，在光标改变形状为 后，按住鼠标左键并拖曳，即可很方便地对线条或图形边缘进行形状修改，如图 2-1 所示。

2.1.2 部分选取工具

"部分选取工具" ：通过对路径上的控制点进行选取、拖曳、调整路径方向及删除节点等操作，完成对矢量图形的造型编辑，如图 2-2 所示。

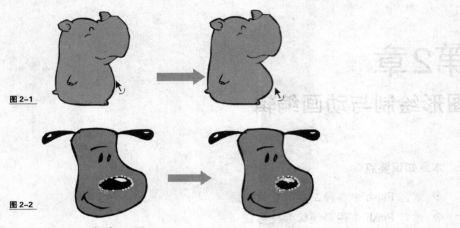

图 2-1

图 2-2

2.1.3　套索工具

"套索工具" ：使用该工具，可以在图形中圈选中不规则的区域。在图形上按住鼠标左键并拖画出需要的图形范围，即可将鼠标按下与释放时所确定的范围确认为选区。选中套索工具后，按下工具属性选项中的"多边形模式"按钮 ，可以在图形上鼠标前后按下的位置间建立直线连线，形成多边形的选区，如图 2-3 所示。

图 2-3

　　在图形的绘制、编辑过程中，需要进行细微的局部刻画或者查看编辑效果时，就需要使用查看工具，通过调整工作窗口中图形的显示位置及显示比例来完成辅助操作。

2.2　编辑工具

　　在进行图形绘制时，很难一步到位画出理想的图形，通常还要经过不断的修改和细微的调整，才能得到理想的效果，这时就需要使用各种编辑工具来对图形进行细致的处理刻画了。

2.2.1　任意变形工具

　　"任意变形工具"：用于对图形进行旋转、缩放、扭曲及封套造型的编辑，在选取该工具后，在工具面板的属性选项区域中选择需要的变形方式。

　　◇　旋转和倾斜 。

　　将光标移动到所选图形边角上的黑色小方块上，在光标变成 形状后，按住并拖曳鼠标，即可对选取的图形进行旋转。移动光标到所选图形的中心，在光标变成 形状后，对白色的图形中心点进行位置移动，可以改变图形在旋转时的轴心位置，如图 2-4 所示。

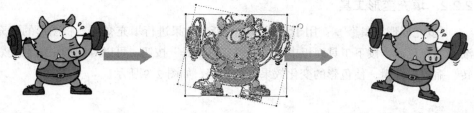

图 2-4

移动光标到所选图形边缘的黑色小方块上，在光标变成为 ‖ 或 ⊨ 形状时按住并拖曳鼠标，可以对图形进行水平或垂直方向上倾斜变形，如图 2-5 所示。

图 2-5

◇ 缩放 ▣。

按下选项面板中的"缩放"按钮，可以对选取的图形作水平、垂直方向上或等比的大小缩放，如图 2-6 所示。

图 2-6

◇ 扭曲 ▱。

按下选项面板中的"扭曲"按钮，移动光标到所选图形边角的黑色方块上，当光标改变为 ▷ 形状时拖曳鼠标，可以对绘制的图形进行扭曲变形，如图 2-7 所示。

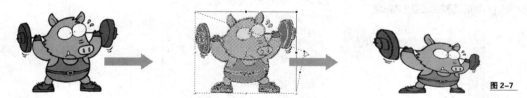

图 2-7

◇ 封套 ▱。

按下选项面板中的"封套"按钮，可以在所选图形的边框上设置封套节点，用鼠标拖曳这些封套节点及其控制点，可以很方便地对图形进行造型，如图 2-8 所示。

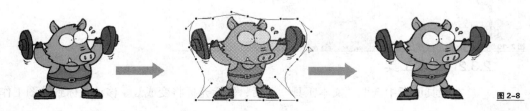

图 2-8

2.2.2　填充变形工具

"填充变形工具" ：用于为图形中的渐变效果进行填充变形。将图形的填充色设置为渐变填充色后，按下工具面板中的"填色变形工具"按钮，可以对图形中的渐变效果进行旋转、缩放等编辑，使色彩的变化效果更加丰富，如图 2-9 所示。

图 2-9

2.3　绘制工具

Flash 提供的图形绘制工具可以帮助用户便捷地完成各种图形的绘制，配合使用多种绘图工具，就可以绘制出线条复杂、色彩多样的图形。

2.3.1　钢笔工具

"钢笔工具" ：以绘制路径的方式创建线条。使用"钢笔工具"，可以直接绘制带有节点的路径线条，然后对节点及其控制点进行调整，即可很方便地进行线条的造型，如图 2-10 所示。

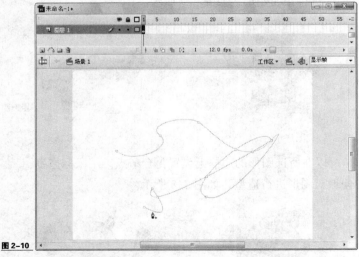

图 2-10

2.3.2　文本工具

在工具面板中选取"文本工具" A 后，鼠标光标将变成┼A。移动鼠标到绘图工作区中适当的位置，按下鼠标左键创建文本输入框，然后输入文字内容，就完成了文本的创建工作。当文本创建完成后，选中该文本可以通过属性面板对文本的字体、间距、位置、颜色、呈现方式、对齐方式、链接等项目进行修改，还可以将文本根据影片需要设置为不同的类型，如图 2-11、图 2-12 所示。

图 2-11

◆ 静态文本：一般的文字，用于显示影片中的文本内容。

◆ 动态文本：动态显示文字内容的范围，常用在互动电影中获取并显示指定的信息。

◆ 输入文本：互动电影在播放时可以输入文字的范围，主要用于获取用户信息。

静态文本　　　　动态文本

图 2-12

2.3.3 直线工具

"线条工具" ✎：用于绘制直线条的工具。可以通过属性面板对线条的属性进行设置，如颜色、粗细、样式、端点、接合等。通过属性面板中的"端点"和"结合"选单，还可以选择线条端点样式及两条线段连接的方式，如图 2-13、图 2-14 和图 2-15 所示。

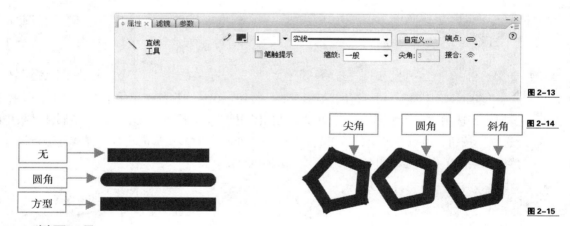

图 2-13

图 2-14

图 2-15

2.3.4 椭圆工具

"椭圆工具" ○：绘制圆形或椭圆形并完成填色的工具。按下"Shift"键的同时按住鼠标左键并拖曳，可以画出正圆，如图 2-16 所示。

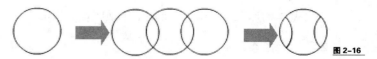

图 2-16

在绘制前或绘制以后选取圆形或椭圆形，都可以在属性面板中直接设置其线条颜色、粗细、样式等属性，如图 2-17 所示。

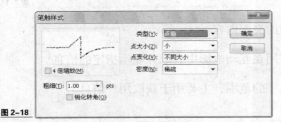

图 2-17

按下属性面板中的"自定义"按钮，打开"笔触样式"对话框，在这里可以对线条进行更详细的设置，如图 2-18 所示。

图 2-18

2.3.5 矩形与多角星形工具

"矩形工具" ▢：用于绘制长方形或正方形并完成填色的工具。按下"Shift"键的同时按住鼠标左键并拖曳，可以画出正方形。同时可以在属性面板中直接设置矩形的线条、色彩、样式及粗细等属性。还可以在属性面板中为将要绘制的矩形设置圆角的半径弧度值，如图 2-19 所示。

图 2-19

"多角星形工具" ◯：按住"矩形工具"按钮 ▢，从弹出的选单中单击"多角星形工具"按钮 ◯，选用"多角星形工具"，可以绘制出多边形或星形并完成填色。单击属性面板中的"选项"按钮，可以在弹出的"工具设置"对话框中，对多边形的边数、样式等进行设置，然后在绘图工作区绘制出各种多边形，如图 2-20 所示。

图 2-20

此外，用户还可以选择"基本矩形工具"方便地绘制出可任意调整圆角量的矩形，或选择"基本圆形工具"快捷绘制出圆或圆环。

2.3.6 铅笔工具

"铅笔工具" ✏：用于绘制线条的工具。按下"Shift"键的同时按住鼠标左键并拖曳，可以画出水平或垂直的线条。选择"铅笔工具"后，可以在工具属性选项中选择 3 种不同的线条绘画模式，及伸直、平滑、墨水，如图 2-21 所示。伸直模式可以在绘制过程中将线条自动伸直，使其尽量直线化；平滑模式可以在绘制过程中将线条自动平滑，使其尽可能成为有弧度的曲线；墨水模式则是在绘制过程中保持线条的原始状态。

图 2-21

2.3.7 刷子工具

"刷子工具" ✐：以颜色填充方式绘制各种图形的绘制工具。选择"刷子工具"后，可以在工具属性选项中选择不同的刷子大小、样式及绘图模式，如图 2-22 所示。

图 2-22

◆ 标准绘画：正常绘图模式，是默认的直接绘图方式，对任何区域都有效。

◆ 颜料填充：只对填色区域有效，对图形中的线条不产生影响。

◆ 后面绘画：只对图形后面的空白区域有效，不影响原有的图形。

◆ 颜料选择：只对已经被选中的颜色块中填充图形有效，不影响选取范围以外的图形。

◆ 内部绘画：只对鼠标按下时所在的颜色块有效，对其他的色彩不产生影响。

图 2-23

2.4　填色工具

上面介绍了多种图形绘制工具，然而任何漂亮的图形都不单是由线条绘制的，更多是由缤纷多彩的颜色构成的，下面就来学习并掌握 Flash CS3 的填色工具。

2.4.1 笔触与填充的颜色设置

在工具面板的颜色区域中，可以设置编辑中的线条和图形的颜色，同时还可以对图形的颜色填充方式进行设置，如图 2-24 所示。

在混色器面板中，还可以对图形的笔触颜色和填充颜色进行设置，从而得到更丰富的效果，如图 2-25 所示。

左 图 2-24

笔触颜色 —————

—————填充颜色

右 图 2-25

2.4.2 墨水瓶工具

"墨水瓶工具" ：用于为图形添加边线或修改边线的颜色、样式等。使用该工具时，用户可以在属性面板中设置线条的颜色、高度及样式，然后将鼠标对准图形块，按下鼠标左键，即可完成边线的添加或修改，如图 2-26 所示。

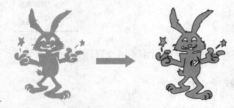

图 2-26

2.4.3 颜料桶工具

"颜料桶工具" ：绘图过程中常用的填色工具，可以对封闭的轮廓范围进行填色或改变图形块的填充色彩。使用颜料桶工具对图形进行填色时，针对一些没有封闭的图形轮廓，可以在选项区域中选择多种不同的填充模式，如图 2-27 所示。

◇ 不封闭空隙：填充封闭的区域。

◇ 封闭小空隙：填充开口较小的区域。

◇ 封闭中等空隙：填充开口一般的区域。

◇ 封闭大空隙：填充开口较大的区域。

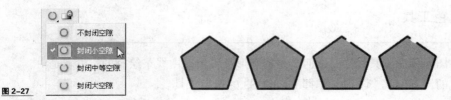

图 2-27

2.4.4 滴管工具

"滴管工具" ：用于在一个图形上吸取其填充色的工具。选择"滴管工具"，在需要吸取颜色的位置按下鼠标左键，即可将该位置的颜色作为新的图形填充色，如图 2-28 所示。

图 2-28

2.4.5 橡皮擦工具

"橡皮擦工具" ⬛：用于清除图形中多余的部分或错误的部分，是绘图编辑中常用的辅助工具。与"刷子工具"一样，在属性选项区域中可以为"橡皮擦工具"选择 5 种图形擦除模式，它们的编辑效果与"刷子工具"的绘图模式相似。

按下选项面板中的"水龙头"按钮 ⬛，将光标改变为 ⬛ 形状后，移动鼠标到图形上，按下鼠标左键，可以将填充色清除掉，如图 2-29 所示。

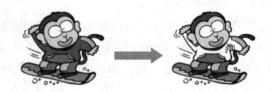

图 2-29

2.5 图像的编辑处理

对绘制好的图形进行再编辑，不仅可以使图形更加平滑、美观，还可以优化图形的组成结构，减少节点和边数，从而使动画在播放时更加流畅。

2.5.1 图形的平滑与伸直

"平滑"命令可以使图形变得更加柔和，并减少曲线整体方向上的突起或其他变化，使轮廓线条看上去更加流畅。执行该项命令还可以减少图形中的线段数，不过，平滑只是相对的，它并不能影响直线段，在调整大量短的曲线段的图形时，使用该命令效果显著。选择需要进行平滑处理的图形，执行"修改→形状→平滑"命令或按下主工具栏中的"平滑"按钮 ⬛，对它们进行平滑处理，从而得到一条更易于改变形状的流畅曲线轮廓，如图 2-30 所示。

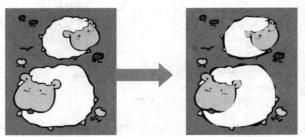

图 2-30

"伸直"命令可以将用户已经绘制的图形或曲线稍稍拉直，不影响已经伸直的线段。选择要伸直的图形，执行"修改→形状→伸直"命令或按下主工具栏中的"伸直"按钮 ⬛，对它们进行伸直处理，如图 2-31 所示。

图 2-31

  根据每条线段的原始曲直程度，重复应用平滑或伸直操作可以会使每条线段更平滑更直。但这两项命令都是通过计算线条得出结果，因此在使用时不会考虑原图形的整体效果，通常用户可以配合"选择工具"对其进行调整。

2.5.2 图形的优化

  使用"优化"命令，可以通过减少用于定义这些图形的曲线数量来改进曲线和填充轮廓，同样可以起到平滑图形曲线的效果，减小 Flash 文档和导出的 SWF 文件的大小。与使用"平滑"或"伸直"命令一样，用户可以对同一图形多次进行优化。

  选中需要优化的图形，执行"修改→形状→优化"，打开"最优化曲线"对话框，用户可以使用鼠标拖曳"平滑"滑块，来调整图形平滑程度，如图 2-32 所示。

图 2-32

 ◆ 使用多重过渡：可以重复进行平滑处理直到不能进一步优化为止，这相当于对同一选定元素重复执行"优化"命令。

 ◆ 显示总计消息：在对图形的优化操作完成后，弹出一个对话框，显示优化结果的相关数据，如图 2-33 所示。

图 2-33

2.5.3 将线条转换成填充

  将图形中的线条转换成可填充的图形块，不但可以对线条的色彩范围作更精确的造型编辑，还可以避免在视图显示比例被缩小时线条出现的锯齿、相对变粗的现象。选取需要转换成填充颜色方块的线条，执行"修改→形状→将线段转换成填充"命令，将其转换为填充色块，如图 2-34 所示。

图 2-34

原图　　　　　　　　缩小图　转换为填充后的缩小图

2.5.4 填充的扩散与收缩

执行"修改→形状→扩散填充"命令，可以在开启的"扩散填充"对话框中，设置图形的扩散填充距离和方向，对所选图形的外形进行修改，如图 2-35 所示。

图 2-35

◇ 扩展：以图形的轮廓为界，向外扩散、放大填充。

◇ 插入：以图形的轮廓为界，向内收紧、缩小填充。

图 2-36

扩散 2 像素　　　　　　　　原图　　　　　　　　收缩 2 像素

2.5.5 柔化填充边缘

与"扩散填充"命令相似，都是对图形的轮廓进行放大、缩小填充。不同的是"柔化填充边缘"可以在填充边缘产生多个逐渐透明的图形层，形成边缘柔化的效果。选取需要进行编辑的图形后，执行"修改→形状→柔化填充边缘"命令，在弹出的"柔化填充边缘"对话框中设置边缘柔化效果，如图 2-37 所示。

图 2-37

◇ 距离：边缘柔化的范围，数值在 1～144 之间。

◇ 步骤数：柔化边缘生成的渐变层数，可以最多设置 50 个层。

◇ 方向：选择边缘柔化的方向是向外扩散还是向内插入。

图 2-38

扩散柔化　　　　　　　　　原图　　　　　　　　　插入柔化

2.6 对象的组合与排列

2.6.1 组合与分离

组合就是将图形块或部分图形组成一个独立的单元，使其与其他的图形内容互相不发生干扰，以便于绘制或进行再编辑。选择图形并执行"修改→组合"命令或按下快捷键"Ctrl+G"，即可将其组合，组合后的图形将会以一个蓝色的边框表示选中状态，如图 2-39 所示。

图 2-39

选中图形　　　　　　　　选中图形组合

图形在组合后成为一个独立的整体，可以在舞台上任意拖曳而其中的图形内容及周围的图形内容不会发生改变。组合后的图形可以被再次组合，或与其他图形或组合再进行组合，从而得到一个复杂的多层组合图形，一个组合中可以包含多个组合，及多层次的组合。

"分离"命令与"组合"命令的作用正好相反，它可以将已有的整体图形分离为可以进行编辑的矢量图形块，使用户可以对其再进行编辑。对输入的文字连续执行两次"修改→分离"命令或按下快捷键"Ctrl+B"，即可将文字分离为可编辑的矢量图形块，使使用户能够轻松地完成艺术字的设计，如图 2-40 所示。

图 2-40

2.6.2 对象层次的排列

在使用 Flash 进行图形编辑时，图形与图形之间不只存在上、下、左、右的相对关系，还存在前和后的关系，合理地处理好图形间的位置关系，可以使影片更加真实，更加具有层次感。

图形在组合或转换为元件后，将作为一个独立的整体，自动移动到矢量图形或已有组合的前方。当多个组合图形放在一起时，可以通过"修改→排列"命令菜单中的系列命令，调整所选组合在舞台中的前后层次关系，如图 2-41 所示。

图 2-41

2.6.3 对象锁定与解锁

当用户编辑完成一个图形组合后，调整好它的大小和位置，执行"修改→排列→锁定"命令，将其锁定，使其不能再被选中或再进行编辑。

当用户需要对该图形进行再次编辑的时候，可以执行"修改→排列→全部解除锁定"命令，将锁定的图形解锁，对其进行再次编辑。

2.7 动画的类型与创建方法

简单地理解"动画"，就是指连续播放的图画。通过前面的学习，相信读者已经掌握使用 Flash 进行绘画的基本方法，下面就来开始学习怎样将绘制出的图画编辑为动画。

2.7.1 时间轴与关键帧

时间轴是 Flash 中进行动画编辑的基础，用以创建不同类型的动画效果，还可以对制作中的 Flash 动画影片进行播放预览，使用户可以更准确地对动画完成调整。时间轴上的每一个单元格称为一个"帧"，帧是 Flash 动画中最小的时间单位。每一帧中可以包含不同的图形内容，当影片在连续播放时，每一帧中的图形内容依次出现，从而形成了动画影片。根据其包含内容的不同，可以将"帧"分为：显示帧、关键帧和空白关键帧。

时间轴位于主工具栏的下面，可以像其他功能面板一样被拖曳到工作区的任意位置，成为浮动面板。如果当前时间轴不可见，可以执行"窗口→时间轴"命令（快捷键为"Ctrl+Alt+T"）打开 Flash 的时间轴，如图 2-42 所示。

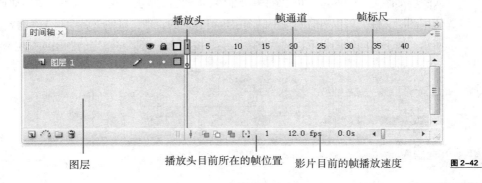

图 2-42

时间轴主要由图层窗口和帧窗口两部分组成，图层窗口中显示了影片图层组成的情况，而帧窗口中显示了影片中帧的使用情况。每个 Flash 影片都有自己的时间轴，而影片中的各组成元件也具有完全独立的时间轴，且各时间轴之间相互不干扰。时间轴中显示了目前 Flash 电影文件的各种信息，如播放头目前所在帧的位置，影片的播放速度，目前的播放时间等。默认状态下，Flash 以每秒 12 帧的速度播放动画（12f/s）。在时间轴面板下面的"帧频率"窗格双击鼠标左键，可以开启"文档属性"对话框，对电影文件的标题、描述、显示尺寸、匹配选项、背景色、帧频、标尺单位等属性进行设置。

2.7.2　图层与图层文件夹

使用 Flash 进行多层次的动画编辑的时候，通常需要将各种元素放置到各自独立的图层中进行编辑，这样在影片播放时，多个不同图层中的动画效果就共同合成了影片完整的动画效果。这里就和传统的动画片制作有一些相似，可以将时间轴中的一个图层看作是一张透明的纸，放入图层中的元素内容就像在纸上绘制的图形，在多张这样的纸上绘制不同的图形后将它们重叠在一起，便可以得到内容丰富、层次多样的图形。

图层还可以决定影片中图形的前、后位置关系。前面介绍了组合图形的位置关系，但那只是针对同一图层中的图形而言。时间轴中的图层才是最终决定图形在影片中的前、后位置关系的基础，时间轴中图层位置越靠上，其中图形的位置在影片中就越靠前。用户可以使用鼠标拖曳时间轴中的图层，改变它们的上下位置关系，来调整影片中图形的显示结果，如图 2-43 所示。

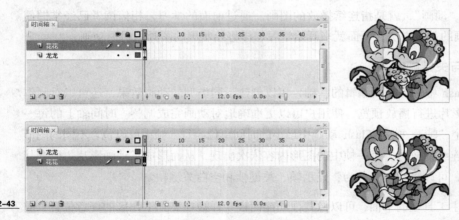

图 2-43

执行"插入→时间轴→图层"命令或按下时间轴面板左下角的"插入图层"按钮，即可在时间轴中插入新的图层。执行"插入→时间轴→图层文件夹"命令或按下时间轴面板下边的"插入图层文件夹"按钮，可以在时间轴中添加图层文件夹。在一些大型、复杂动画的制作过程中，使用图层文件夹可以对时间轴中的图层进行有效的管理，以便于后期制作及内容修改，如图 2-44 所示。按下时间轴面板下边的"删除图层"按钮，可以将选定的图层或图层文件夹删除掉。

图 2-44

在时间轴面板中单击"显示/隐藏所有图层"按钮 👁️，可以将所有图层都隐藏起来，单击图层名称后面对应"显示/隐藏所有图层"按钮的点，可以将该图层隐藏，使其中的内容在舞台中不可见，但仍将出现在最后输出的影片中，通过再次单击，可以取消对该图层的隐藏。

"锁定/解除锁定所有图层"按钮 🔒 用于对图层编辑状态的锁定控制，是在进行复杂的多图层编辑中有用的功能，其操作方法和图层的显示/隐藏相似。图层被锁定后，该图层在舞台中所有内容将不能被编辑，以避免对已经编辑好的内容造成错误的修改。

"显示所有图层的轮廓"按钮 🔲 用于切换图层内容的显示方式，当单击图层中对应该按钮的框时，图层中的所有内容将以特定的颜色线框显示，如图 2-45 所示。在默认状态下，不同图层的内容将采用不同的色彩来显示其轮廓线框。

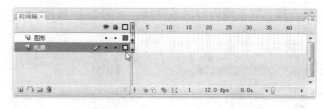

图 2-45

使用鼠标双击图层名，可以将其激活并对其进行修改。双击图层名前的"图层名称"按钮 🔲，可以开启"图层属性"对话框，在该对话框中，用户可以完成对图层名称、状态、类型、轮廓颜色、高度等属性的设置，如图 2-46 所示。

图 2-46

2.7.3　关键帧

关键帧是指时间轴中用以放置元件实体的帧。其中有实心圆表示已经有内容的关键帧，空心圆表示没有内容的关键帧，也称作空白关键帧。关键帧后面至影片结束的帧叫做显示帧，如图 2-47 所示。默认状态下，任意一个新增的场景或元件，Flash 都会在时间轴中自动安排一个图层并在开始的位置放置一个空白关键帧。

在关键帧中编辑完图形内容后，执行"插入→时间轴→帧"命令或按下"F5"，可以逐个向后为该关键帧添加显示帧，增加其在影片中的显示时间。用鼠标点选需要显示的目标帧位置并按下"F5"，可以一次增加很长的显示长度，如图 2-48 所示。

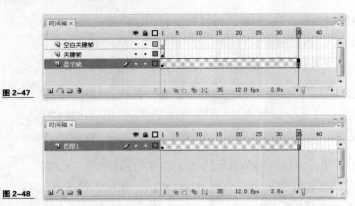

图 2-47

图 2-48

同样，执行"插入→时间轴→关键帧"命令或按下"F6"，可以在一个关键帧的后面加入与其具有系统内容的关键帧，如图 2-49 所示。

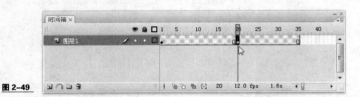

图 2-49

在需要在同一图层中的不同时间位置放入不同内容时，可以在选取需要的位置后，执行"插入→时间轴→空白关键帧"命令或按下"F7"，即可在该图层中添加空白关键帧，以放入新的元件内容，如图 2-50 所示。

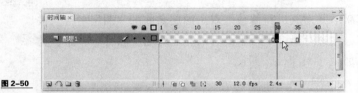

图 2-50

在图层的帧通道中按下鼠标右键，可以在弹出的命令选单中选择对应的命令，对设置的帧或关键帧、空白关键帧进行删除、剪切、复制、转换等编辑操作，如图 2-51 所示。

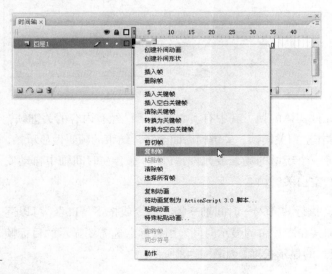

图 2-51

<table>
<tr><td>2.8</td><td>Flash 动画的创建</td></tr>
</table>

Flash 中的动画可以根据在时间轴上的创建方式和产生的效果的不同，分为两个主要的类型，及逐帧动画和补间动画。其中根据关键帧中包含的内容的不同，又可将补间动画分为动画补间和形状补间两种类型。

2.8.1　逐帧动画

逐帧动画就是在时间轴中逐个建立具有不同内容属性的关键帧，在这些关键帧中的图形将保持大小、形状、位置、色彩等的连续变化，便可以在播放过程中形成连续变化的动画效果，这是传统动画制作中最常见的动画编辑方式，如图 2-52 所示。

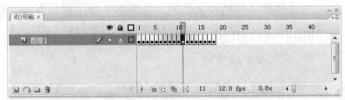

图 2-52

虽然逐帧动画的制作原理非常简单，但是制作过程是十分繁琐的，需要一帧一帧依次绘制图形，并要注意每帧间图形的变化，否则就不能编辑出自然、流畅的动画效果。在进行逐帧动画的编辑时，用户可以采用将之前的关键帧复制、粘贴并作适当修改的方法，来保持动画内容的连贯，从而有效地进行动画编辑工作，如图 2-53 所示。

图 2-53

随着 Flash 动画影片制作水平的不断提高，逐帧动画也被大量地运用到了影片中，使影片内容更加逼真、生动。

2.8.2　动画补间动画

补间动画就是在两个有实体内容的关键帧间建立动画关系后，Flash 将自动在两个关键帧之间补充动画图形来显示变化，从而生成连续变化的动画效果。

动画补间动画是指在时间轴的一个图层中，为一个元件创建在两个关键帧之间的位置、大小、角度等变化的动画效果，是 Flash 影片中比较常用的动画类型。与逐帧动画的编辑相比，补间动画的制作就简单多了，用户只需要在舞台中绘制完成图形，然后在时间轴上插入一帧关键帧，移动该帧中的图形，再为第 1 帧创建动画补间动画，就能得到图形移动的动画效果，如图 2-54 所示。

在 Flash 中创建动画补间动画的方法有以下几种。

图 2-54

◆ 在时间轴中创建。

用鼠标框选时间轴中的两个关键帧并按下鼠标右键，在弹出的命令选单中选择"创建补间动画"命令，即可快速地完成动画补间动画的创建。

◆ 使用菜单命令创建。

选择要创建动画的关键帧后，执行"插入→时间轴→创建补间动画"命令，也能为选中的关键帧创建动画补间动画。

◆ 在属性面板中创建。

选择要创建动画的关键帧，按下属性面板"补间"后面的下拉按钮，在菜单中选择"动画"选项，即可以为选择的关键帧创建动画补间动画，如图 2-55 所示。

图 2-55

2.8.3 形状补间动画

动画补间动画主要针对的是同一图形在位置、大小、角度方面的变化效果，而形状补间动画则是针对所选两个关键帧中的图形在形状、色彩等方面发生变化的动画效果，且它们可以是不同的图形。在形状补间动画中，两个关键帧中的图形内容必须是处于分离状态的矢量图形，如果是图形组合或者影片元件，则形状补间动画不能被创建。

与动画补间动画不同，形状补间动画只能通过属性面板创建，当用户为选定的关键帧创建了形状补间动画，在属性面板中将出现一个"混合"选项，用于调整形状变化的模式，如图 2-56 所示。

图 2-56

◇ 分布式：默认的混合方式，关键帧之间的动画形状会比较平滑和不规则，如图 2-57
  所示。

图 2-57

◇ 角形：关键帧之间的动画形状会保留有明显的角和直线，如图 2-58 所示。

图 2-58

2.9 绘图编辑与动画创建应用

课堂案例——休闲美女

  在本实例中将学习绘制一张休闲美女的插画，使读者在对 Flash 基本绘图工具及各种绘
制、编辑技巧有更深入的了解，实例的完成效果，如图 2-59 所示。

步骤 1 启动 Flash CS3 并创建一个空白的 Flash 文档，然后将其保存到指定的文件夹中。

步骤 2 双击"图层 1"文字，将图层名修改为"黑框"，在该图层中绘制一个大的黑色矩形
  和一个正好覆盖舞台的白色矩形，然后删除白色矩形和所有的线条，这样就得到一
  个只显示出舞台的大黑框，如图 2-60 所示。

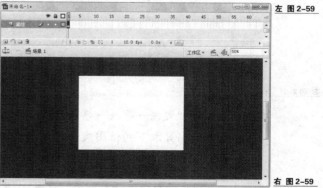

左 图 2-59

右 图 2-59

步骤 3 单击时间轴左下角的"插入图层"按钮 ，插入一个新的图层"背景"并将其拖曳
  到最下层，然后锁定"黑框"图层并设置其轮廓显示，便于后面的编辑。

步骤 4 在"背景"图层的绘图工作区中绘制一个矩形，调整好大小、位置，然后使用"蓝

色（#0099FF）→青色（#4EFEFE）→白色"的线性渐变填充方式对其进行填充，再选择渐变变形工具<img />对其进行调整，如图 2-61 所示。

步骤 5 按下组合键"Ctrl+G"创建一个新的组合，在该组合中使用刷子工具<img />配合选择工具<img />绘制出云朵的图形，再分别使用"淡蓝色（#DDF2FF）→白色"的线性渐变填充方式进行填充，然后再依次进行调整，使天空中的云朵具有层次感，如图2-62 所示。

左 图 2-61

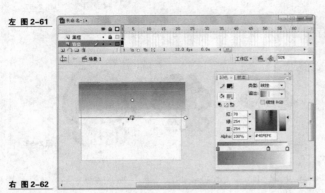

右 图 2-62

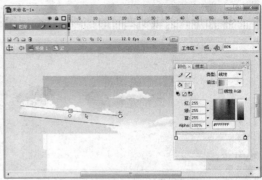

步骤 6 执行"修改→组合"命令，新建一个组合，在该组合中使用"淡蓝色（#DDF2FF）→白色"的线性渐变填充色绘制出一层新的云朵，使其出现云层的效果，更具层次感，如图 2-63 所示。

步骤 7 回到主场景的编辑窗口中，选中云的组合并按下"F8"将其转化为一个影片剪辑"云"，然后将"属性"面板切换到"滤镜"面板，为其添加一个"模糊"的滤镜效果，设置模糊 XY 为 10，如图 2-64 所示。

左 图 2-63

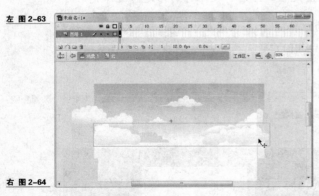

右 图 2-64

步骤 8 执行"文件→导入→导入到库"命令，将本书配套光盘"\实例文件\第 2 章\课堂案例"目录下的位图文件导入到元件库中，然后在天空的下方绘制一个矩形，如图 2-65 所示。

步骤 9 在颜色面板中选择类型为"位图"，然后对矩形进行填充，再使用渐变变形工具<img />对其进行调整，使沙粒更加细，如图 2-66 所示。

步骤 10 将矩形转换为一个影片剪辑"沙滩"，然后添加一个"调整颜色"的滤镜效果，对参数进行调整，使沙滩更加明亮，如图 2-67 所示。

步骤 11 按下组合键 "Ctrl+G" 创建一个新的组合，在该组合中绘制一个矩形，然后使用 "浅蓝色→蓝色→浅蓝色→透明白色" 的线性渐变填充方式对其进行填充，再选择渐变变形工具 对其进行调整，如图 2-68 所示。

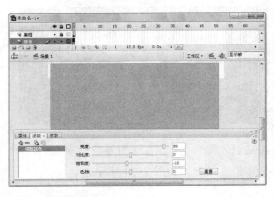
左 图 2-67

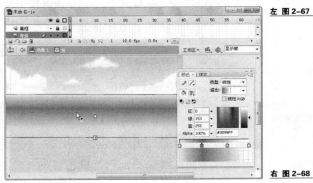
右 图 2-68

步骤 12 创建一个新的组合，在该组合中使用形状为圆形的刷子工具，透明度为 60% 的白色填充色绘制出水波的图形，并用选择工具对其进行适当的修整，如图 2-69 所示。

步骤 13 修改刷子工具的大小到最小，随机在水波周围绘制一些小圆点，表现出波光粼粼的效果，如图 2-70 所示。

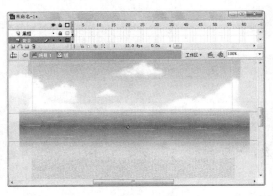
左 图 2-69

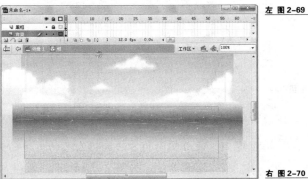
右 图 2-70

步骤 14 在一个新的组合中，使用线条工具绘制出帆船的轮廓并用选择工具对其进行适当的修整，再用不同的颜色填充，然后删除线条，这样一艘帆船就绘制完成了，如图 2-71 所示。

图 2-71

步骤 15 使用缩放工具对帆船的大小、位置进行调整，然后按住"Ctrl"键并拖曳，对帆船进行复制，再对新帆船的颜色、大小、位置进行适当的修改，如图 2-72 所示。

步骤 16 参照上面的方法在背景中编辑出海鸥和贝壳，这样背景的编辑就完成了，如图 2-73 所示。

左 图 2-72

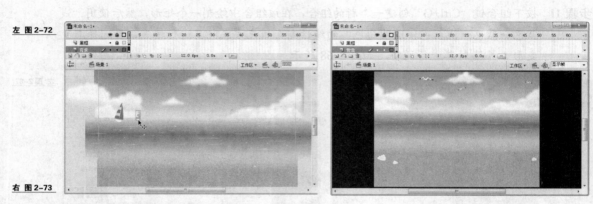

右 图 2-73

步骤 17 在"背景"图层的上方插入一个新的图层"人物"，然后在该图层中绘制出一个身体的大概轮廓，然后填色，最后清除掉所有的线条，如图 2-74 所示。

步骤 18 创建一个新的组合，在该组合中参照身体的绘制方法绘制出人物脸的形状，如图 2-75 所示。

左 图 2-74

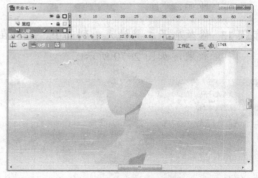

右 图 2-75

步骤 19 在一个新的组合中绘制出人物的头发，如图 2-76 所示。

步骤 20 使用相同的方法编辑出人物右边的头发，然后连续按下组合键"Ctrl+↓"将其调整到最下层，如图 2-77 所示。

步骤 21 在一个新的组合中绘制出人物的五官，然后调整好其层次，如图 2-78 所示。

步骤 22 双击五官的组合进入到五官的编辑窗口中，在眉毛和睫毛间建立连线，然后用"半透明蓝色→透明蓝色"的放射状渐变填充方式对其进行填充，再选择渐变变形工具对其进行调整，最后删除掉线条，就完成了眼影的编辑，如图 2-79 所示。

左 图 2-76

右 图 2-77

左 图 2-78

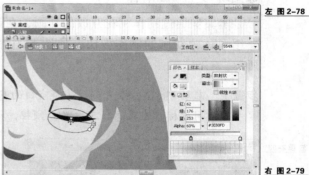

右 图 2-79

步骤 23 回到主场景中，参照上面的方法，对照人物身体的轮廓编辑出人物的衣服，如图 2-80 所示。

步骤 24 对照人物的形态，在一个新的组合中编辑出人物的手，如图 2-81 所示。

左 图 2-80

右 图 2-81

步骤 25 对手进行复制，然后调整好大小、角度、位置，并调整到最下层，这样人物的编辑也就完成了，如图 2-82 所示。

步骤 26 按下组合键 "Ctrl+S" 保存文件，执行 "控制→测试影片" 来测试影片。

请打开本书配套光盘 "\实例文件\第 2 章\课堂案例" 目录下的 "休闲美女.fla" 文件，查看本实例的具体设置。

图 2-82

课堂练习——江南春

本实例通过制作桃花开放的动画，在让读者更进一步掌握 Flash 绘制方法的同时，介绍了逐帧动画的制作方法，使读者了解动画形成的原理，实例完成效果如图 2-83 所示。

步骤 1　启动 Flash CS3 并创建一个空白的 Flash 文档，然后将其保存到指定的文件夹中。使用鼠标双击时间轴下方的帧频栏，如图 2-84 所示。

左 图 2-83

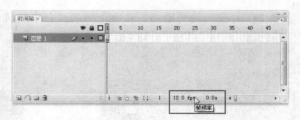

右 图 2-84

步骤 2　在弹出的"文档属性"对话框中，修改文档的尺寸为宽 480 像素、高 400 像素，如图 2-85 所示。

步骤 3　执行"插入→新建元件"命令（快捷键为"Ctrl+F8"），打开"创建新元件"对话框，在名称栏中输入元件名称为"树枝"，选择类型为影片剪辑，按下"确定"按钮，创建一个名为"树枝"的影片剪辑，如图 2-86 所示。

步骤 4　在该元件的编辑窗口中，配合使用各种绘图工具绘制出一棵树枝的图形，然后使用"黑色→透明黑色"的放射状渐变填充色对其进行填充，再使用填充变形工具进行调整，使其产生水墨画的效果，如图 2-87 所示。

步骤 5　拖曳时间轴右下角的滑块，使时间轴显示到第 200 帧，然后单击第 200 帧的帧格，按下"F5"延长图层的显示帧到第 200 帧处，如图 2-88 所示。

左 图 2-85

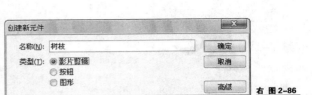

右 图 2-86

左 图 2-87

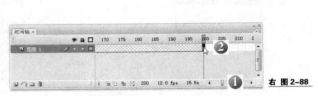

右 图 2-88

步骤 6 分别在图层的第 3 帧、第 5 帧、第 7 帧、第 9 帧、第 11 帧处按下 "F6"，依次将它们转换为关键帧，如图 2-89 所示。

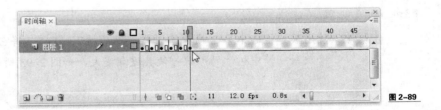

图 2-89

步骤 7 将播放头拖曳到第 9 帧处，使用橡皮擦工具呈向内放射状，擦除掉最外面的树枝，再使用选择工具对细节进行修改，如图 2-90 所示。

图 2-90

步骤 8 参照上面的方法，依次对第 7 帧、第 5 帧、第 3 帧、第 1 帧中的图形进行处理，使其分别如图 2-91 所示。

步骤 9 拖曳播放头就可以预览树枝逐渐生长的动画效果了。在制作逐帧动画时，关键帧的数量越多，每一帧中图形的变化越细微，最后得到的动画效果就越流畅。

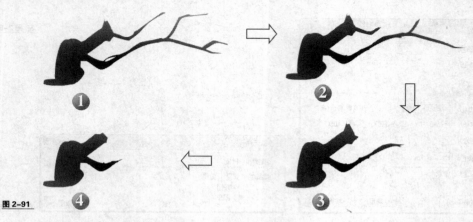

图 2-91

步骤 10 按下组合键 "Ctrl+F8" 创建一个名为 "树叶" 的图形元件，在该元件的绘图工作区中，绘制出一片绿色（#63AD5A）的小树叶，如图 2-92 所示。

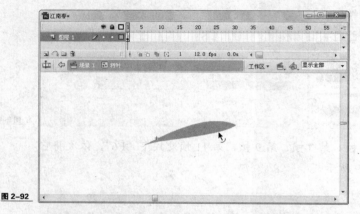

图 2-92

步骤 11 使用鼠标框选中第 2 帧至第 6 帧，然后按下 "F6"，将它们转换为关键帧，再依次修改每一帧中树叶的形状，使其逐渐变大，如图 2-93 所示。

图 2-93

步骤 12 执行 "插入→新建元件" 命令，创建一个新的图形元件 "花 A"。在该元件的绘图工作区中，配合使用各种绘图工具绘制出一个侧面的花蕾，如图 2-94 所示。

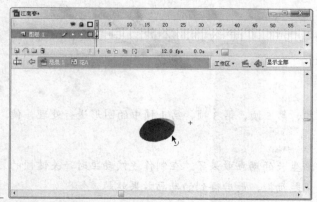

图 2-94

步骤 13 使用鼠标框选时间轴中的第 2 帧至第 10 帧，执行"修改→时间轴→转换为关键帧"命令或在鼠标右键菜单中选择相同的命令（快捷键为"F6"），将第 2 帧至第 10 帧全部转换为关键帧。配合使用各种编辑、绘制工具对每帧中的图形进行编辑，得到桃花慢慢开放的效果。在编辑时要注意每帧中图形左下角的花骨朵的位置要保持一致，如图 2-95 所示。

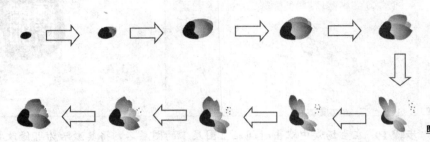

图 2-95

步骤 14 新建一个名为"花 B"的图形元件，在该影片剪辑中用 10 帧的长度，编辑出一朵正面的桃花慢慢开放的动画效果，在编辑时要注意每帧中图形的中心点要保持一致，如图 2-96 所示。

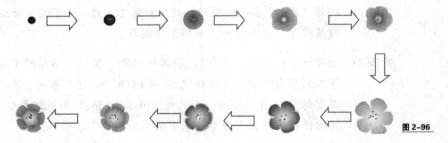

图 2-96

步骤 15 按下组合键"Ctrl+F8"创建一个名为"文字"的影片剪辑，在该元件的编辑窗口中，使用文本工具创建一个静态文本"江南春"，修改字体为汉鼎繁行书，字号为 30，颜色为红色，改变文本方向为垂直从右到左，如图 2-97 所示。

步骤 16 选中创建的文本，连续按下组合键"Ctrl+B"将其转换为可以编辑的矢量图形，延长图层的显示帧到第 200 帧，并将第 1 帧至第 20 帧全部转换为关键帧，如图 2-98 所示。

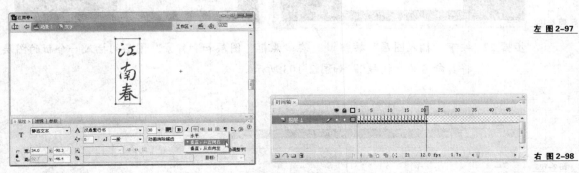

左 图 2-97

右 图 2-98

步骤 17 参照影片剪辑"树枝"的编辑方法，使用橡皮擦工具按倒序逐步擦除文字，这样就可以在影片播放时得到动态写字的动画效果，如图 2-99 所示。

步骤 18 执行"插入→新建元件"命令，新建一个影片剪辑"印章"。在该元件中绘制出一个红色的椭圆形，再用选择工具对其进行修改，然后用白色的汉鼎繁印篆字体输入适当的文字，使效果如图 2-100 所示。

左 图 2-99

右 图 2-100

步骤 19 在主场景中双击时间轴上图层 1 的图层名，将其激活为可修改状态，修改图层 1 的名称为"黑框"，然后在该图层的绘图工作区中绘制一个黑色的大矩形，再绘制一个宽 480 像素、高 320 像素的无填充色的矩形，调整位置，使其中心与舞台的中心重合，最后删除掉该矩形中的黑色填充色和所有的线条，如图 2-101 所示。

步骤 20 将该"黑框"图层的显示帧延长到第 200 帧，为了便于后面的编辑工作，将"黑框"图层设置为轮廓显示，并锁定该图层。

步骤 21 创建一个新图层"背景"，将其拖曳到"黑框"图层的下方。执行"文件→导入→导入到舞台"命令（快捷键为"Ctrl+R"），将本书配套光盘中"\实例文件\第 2 章\课堂练习\"目录下的位图文件"photo01.jpg"导入到舞台中，然后调整好其位置，使该位图正好位于舞台的正中间，如图 2-102 所示。

左 图 2-101

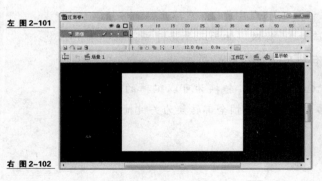

右 图 2-102

步骤 22 按下"插入图层"按钮 ，在"黑框"图层和"背景"图层间插入一个新的图层，将其命名为"树枝"，如图 2-103 所示。

图 2-103

步骤 23 执行"窗口→库"命令（快捷键为"Ctrl+L"或"F11"），开启元件库面板，这时可以看见前面编辑的元件都在该面板中，如图 2-104 所示。

步骤 24 从元件库中将影片剪辑"树枝"拖曳到绘图工作区中，然后调整该元件的位置，使其位于舞台的左下角，如图 2-105 所示。

左 **图 2-104**

右 **图 2-105**

步骤 25 通过属性面板为其添加一个发光的滤镜效果，修改模糊为 10，强度为 200%，颜色为灰色（#666666），这样就使该元件产生沁墨的效果，以符合整体的水墨画风格，如图 2-106 所示。

步骤 26 执行"插入→时间轴→图层"命令，插入一个新的图层并将其改名为"树叶"，然后在第 5 帧处插入一帧空白关键帧，从元件库中将图形元件"树叶"拖曳到该帧的舞台上，调整好其大小和位置，如图 2-107 所示。

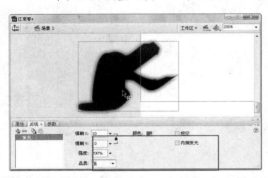 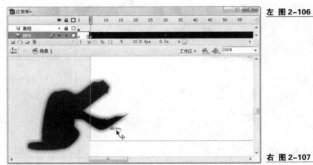

左 **图 2-106**

右 **图 2-107**

步骤 27 对图形元件"树叶"进行复制，得到 6 片新"树叶"，参考树枝原本完整的形状位置，对它们的大小、位置、角度进行调整，使之如图 2-108 所示。

步骤 28 选中所有的图形元件"树叶"，通过属性面板中的图形选项下拉菜单，修改它们的播放方式为"播放一次"，如图 2-109 所示。

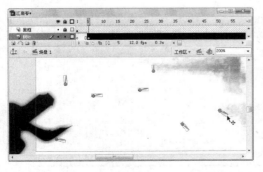

左 **图 2-108**

右 **图 2-109**

步骤 29　按下 "F8"，将它们转换为一个新的影片剪辑 "长树叶"，如图 2-110 所示。

步骤 30　在该元件的编辑窗口中，延长图层的显示帧到第 200 帧，然后依次将第 4 帧、第 7 帧、第 10 帧、第 13 帧、第 16 帧转换为关键帧，如图 2-111 所示。

左 图 2-110

右 图 2-111

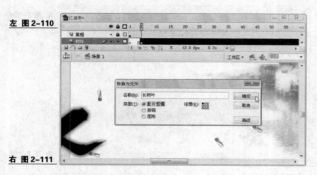
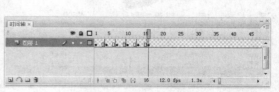

步骤 31　根据 "树叶" 从左到右的生长情况，按第 13 帧到第 1 帧的顺序，依次删除各关键帧中的 "树叶"，使第 13 帧中有 6 片 "树叶"，使第 10 帧中有 4 片 "树叶"……使第 1 帧中有 1 片 "树叶"，如图 2-112 所示。

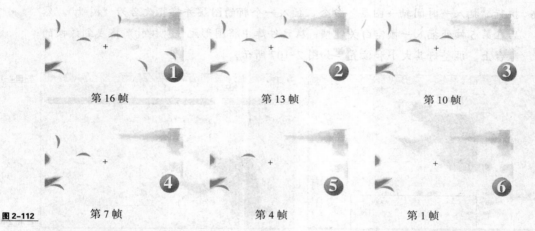

第 16 帧　　　　第 13 帧　　　　第 10 帧

第 7 帧　　　　第 4 帧　　　　第 1 帧

图 2-112

步骤 32　选择第 4 帧中新出现的图形元件 "树叶"，通过属性面板修改其第一帧为 1，使该图形元件从第 1 帧开始播放，如图 2-113 所示。

步骤 33　参照上面的编辑方法，依次将第 7 帧、第 10 帧、第 13 帧、第 16 帧中新出现的图形元件 "树叶" 的第一帧修改为 1，这样就得到了一个逼真的树叶生长效果，如图 2-114 所示。

左 图 2-113

右 图 2-114

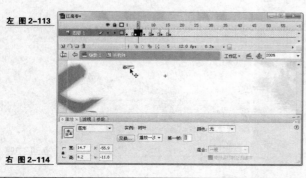
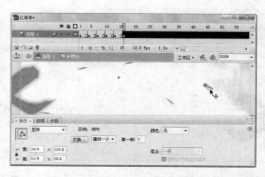

步骤 34 回到主场景中，通过属性面板为影片剪辑"长树叶"添加一个发光的滤镜效果，修改模糊为 10，强度为 100%，颜色为淡绿色（#CFFFC1），如图 2-115 所示。

步骤 35 在"树叶"图层的上方插入一个新的图层，并将其改名为"开花"，然后在该图层的第 22 帧处按下"F7"，插入一帧空白关键帧，从元件库中将图形元件"花A"和"花 B"拖曳到该帧的舞台上，然后对它们进行复制、调整，使舞台的左下角布满各种桃花蕾，如图 2-116 所示。

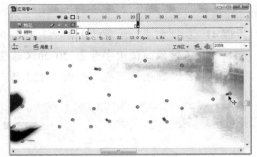

左 图 2-115

右 图 2-116

步骤 36 选中第 22 帧中所有的图形元件，修改它们的播放方式为"播放一次"，然后按下"F8"，将它们转换为一个新的影片剪辑"开花"，如图 2-117 所示。

步骤 37 双击鼠标进入影片剪辑"开花"的编辑窗口，延长图层的显示帧到第 200 帧，然后将第 1 帧至第 27 帧都转换为关键帧，如图 2-118 所示。

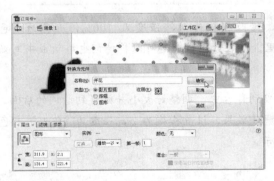
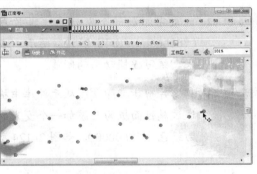

左 图 2-117

右 图 2-118

步骤 38 参照影片剪辑"长树叶"中动画的编辑方法，编辑出"桃花"一朵朵依次出现的动画效果，如图 2-119 所示。

步骤 39 回到主场景中，单击影片剪辑"开花"，通过属性面板为影片剪辑"开花"添加一个发光的滤镜效果，设置模糊为 5，强度为 100%，颜色为红色（#FF0000），如图 2-120 所示。

步骤 40 按下时间轴上的 "插入图层"按钮，插入一个新的图层并将其改名为"文字"，然后将该图层的第 50 帧转换为空白关键帧，将元件库中的影片剪辑"文字"拖曳到舞台中，调整好其位置和大小，通过属性面板为影片剪辑"文字"添加一个发光的滤镜效果，修改模糊为 4，强度为 100%，颜色为红色（#FF0000），如图 2-121 所示。

左 图 2-119

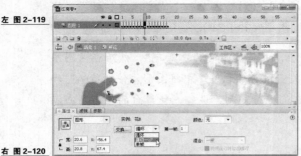

右 图 2-120

步骤 41 在"文字"图层的上方插入一个新的图层"文章",将该图层的第 70 帧转换为空白
关键帧,使用字号为 20 的汉鼎繁行书输入诗词,然后改变文本方向为垂直从右到
左,颜色为黑色,如图 2-122 所示。

左 图 2-121

右 图 2-122

步骤 42 为文字添加一个发光的滤镜效果,修改模糊为 4,强度为 100%,颜色为灰色
(#666666),如图 2-123 所示。这里,如果读者有兴趣可以将诗词也编辑成书写效
果,练习逐帧动画的制作。

步骤 43 将影片剪辑"印章"从元件库中拖曳到舞台中,调整好大小并放置到诗词的后面,
通过属性面板为其添加一个发光的滤镜效果,设置模糊为 5,强度为 100%,颜色
为红色(#FF0000),如图 2-124 所示。

左 图 2-123

右 图 2-124

步骤 44 按下组合键"Ctrl+S"保存文件,再按下组合键"Ctrl+Enter"来测试影片。

请打开本书配套光盘"\实例文件\第 2 章\课堂练习"目录下的"江南春.fla"文件,查看
本实例的具体设置。

课后实训——3d 艺术字

影片项目文件	光盘\实例文件\第 2 章\课后实训\3d 艺术字.fla
影片输出文件	光盘\实例文件\第 2 章\课后实训\3d 艺术字.swf
视频演示文件	光盘\实例文件\第 2 章\课后实训\视频演示\3d 艺术字.avi

Flash 是一款优秀的平面矢量动画绘制软件，虽然它不具备 3D 图形的编辑功能，但只要能巧妙利用其丰富的矢量图形绘制、填充与变形功能，也可以绘制出精彩的虚拟 3D 效果，如图 2-125 所示。

图 2-125

新年贺卡的制作过程主要包括下面几点。

（1）将文本打散、变形。

（2）对变形后的文字进行复制，得到立体字的前后两个面。

（3）在前后面的对应点上创建连线，得到立体字的侧面。

（4）对文字的填充色进行调整，使其更具立体效果。

（5）对场景进行绘制，使整个画面立体化。如图 2-126 所示。

图 2-126

请打开本书配套光盘"\实例文件\第 2 章\课后实训\"目录下的"新年快乐.fla"文件，查看本实例的具体设置。

第3章
动画贺卡设计

本章知识要点

◇ 了解贺卡的种类
◇ 掌握贺卡设计的要素
◇ 学习使用 Flash 制作动画贺卡的流程

本章学习导读

本章先介绍了贺卡的种类，即制作过程中的重点和难点，然后结合案例制作，帮助读者掌握动画贺卡的制作方法。

3.1　贺卡的设计

贺卡相信大家都不会陌生，它是人们用来表示心意的一种方式。贺卡可以根据赠送对象、赠送时节、贺卡方式等分为很多种类型，如各种节日贺卡、生日贺卡、表白贺卡、搞怪贺卡等。而随着计算机的普及、新技术的应用，动态贺卡已经成为了贺卡中的主流，也因此出现了动画贺卡、互动贺卡等新型贺卡。目前国内还有很多动画贺卡的专题网站，其中的贺卡大多是使用 Flash 制作的，如图 3-1 所示。

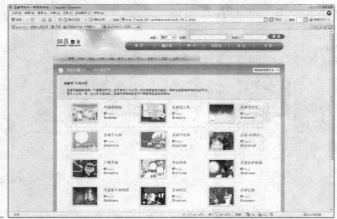

图 3-1

通常使用 Flash 制作动态贺卡的过程并不复杂，但由于贺卡本身的特殊意义，因此对贺卡的美工要求一般都比较高，具体表现在制作过程中就是**风格与主题保持一致，注意整体颜色的搭配，画面整洁**等，只有这样才能制作出精美的电子贺卡。

3.2 Flash 贺卡的制作

在制作贺卡前，应该先根据贺卡的主题确定整体的风格，比如这张教师节贺卡就选用了温馨的风格，然后根据该风格选择影片的主色调，再开始制作，如图 3-2 所示。

左 图 3-2

右 图 3-3

课堂案例——教师节贺卡

步骤 1　启动 Flash CS3 并创建一个空白的 Flash 文档（ActionScript 2.0），然后将其保存到指定的文件夹中。将影片的尺寸改成宽为 500 像素、高为 400 像素，背景颜色为红色，如图 3-3 所示。

步骤 2　将图层 1 改名为 "黑框"，延长该图层的显示帧到第 300 帧，在该图层中绘制一个只显示舞台的黑框，然后将该图层设置为轮廓显示，并锁定该图层，如图 3-4 所示。

步骤 3　按下组合键 "Ctrl+F8" 创建一个新的图形元件，并将其命名为 "闪烁的星光"，然后在该元件的绘图工作区中绘制出一个白色半透明的米字图形，如图 3-5 所示。

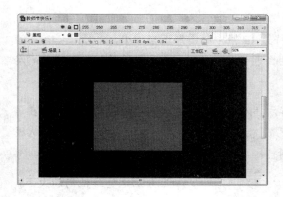
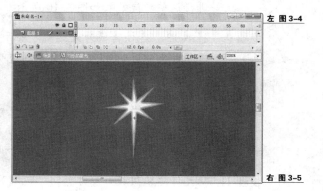

左 图 3-4

右 图 3-5

步骤4 选中星光的图形，按下"F8"将其转换为一个新的图形元件"星光"，如图 3-6 所示。

步骤5 将第5帧、第10帧转换为关键帧，然后通过属性面板将第1帧、第10帧中元件的透明度修改为30%。框选中第1帧、第5帧，为它们创建动画补间动画，这样就得到了星光闪烁的动画效果，如图 3-7 所示。

左 图3-6
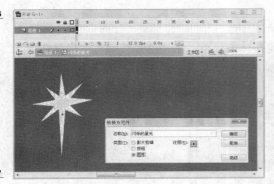
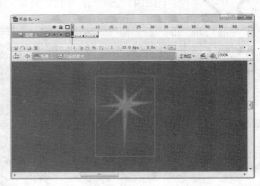
右 图3-7

步骤6 执行"插入→新建元件"命令，创建一个新的影片剪辑"花瓣"，然后在该元件中绘制出一个白色半透明的花瓣并将其组合起来，如图 3-8 所示。

步骤7 按住"Ctrl"并拖曳组合图形，对其进行两次复制，然后调整各图形的位置和角度，这样就得到了一个完整的花瓣，如图 3-9 所示。

左 图3-8
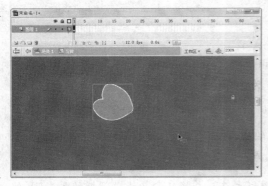
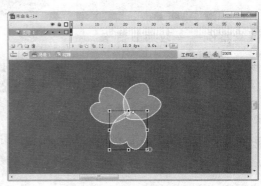
右 图3-9

步骤8 创建一个新的影片剪辑"光晕"，然后在该元件中绘制一个直径为 370 的正圆，再使用透明白色→透明度40%的白色→透明白色的放射状填充类型进行填充，并对其进行调整，使效果如图 3-10 所示。

步骤9 将第13、25帧转换为关键帧，然后将第13帧中的图形适当缩小，并修改填充色为透明白色→透明度20%的白色→透明白色的放射状填充，再为图层创建形状补间动画，如图 3-11 所示。

步骤10 回到主场景中，在"黑框"图层的下方插入一个名为"背景"的新图层，然后在该图层中绘制出一个与舞台等大的矩形，修改其填充色为白色→桃红色的放射状填充，并使用渐变变形工具对其进行调整，如图 3-12 所示。

步骤11 从元件库中将数个影片剪辑"花瓣"拖曳到舞台中，然后分别调整好他们的大小、位置、角度、透明度，再依次为它们添加白色发光的滤镜效果，修改模糊 X、Y 为 30，如图 3-13 所示。

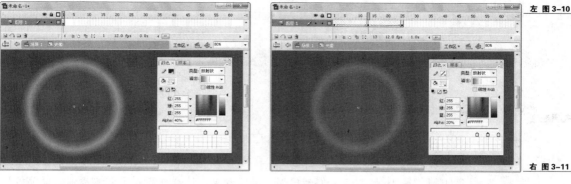

左 图 3-10

右 图 3-11

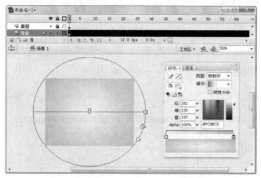

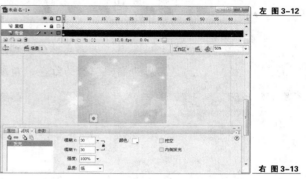

左 图 3-12

右 图 3-13

步骤 12　将数个图形元件"闪烁的星光"从元件库中拖曳到舞台，并分别调整好他们的大小、位置，再依次修改它们的第一帧为不同的值，如图 3-14 所示。

步骤 13　将影片剪辑"光晕"从元件库中拖曳到舞台的适当位置，这样一个温馨、漂亮的背景就制作完成了，如图 3-15 所示。

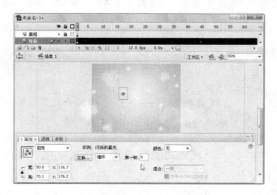

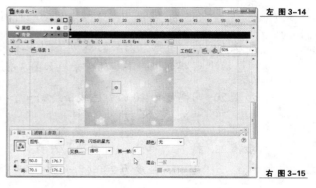

左 图 3-14

右 图 3-15

步骤 14　在"背景"图层的上方插入一个新的图层"物品"，然后在该图层中绘制出一只蜡烛的图形，并将其转换为影片剪辑"蜡烛"，如图 3-16 所示。

步骤 15　进入该元件的编辑窗口，插入一个新的图层并绘制出一个椭圆，然后修改其填充色为黄色→透明红色的放射状填充，再使用渐变变形工具对其进行调整，如图 3-17 所示。

左 图 3-16

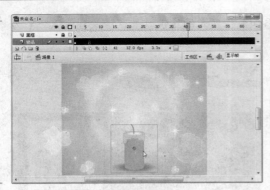 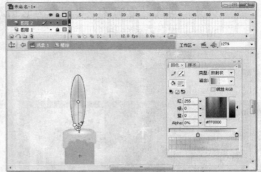

右 图 3-17

步骤 16　将火焰转换为一个影片剪辑 "火焰"，然后在该元件的编辑窗口中，将第 10、20 帧转换为关键帧，再使用任意变形工具将第 10 帧中的图形沿 Y 轴稍稍压缩，框选中第 1 帧、第 10 帧，为它们创建形状补间动画，这样就得到了火焰跳到的动画效果，如图 3-18 所示。

步骤 17　回到主场景中，为影片剪辑 "蜡烛" 添加一个斜角的滤镜效果，修改模糊 X、Y 为 25，品质为高，阴影为红色，角度为 149，距离为 10，如图 3-19 所示。

左 图 3-18

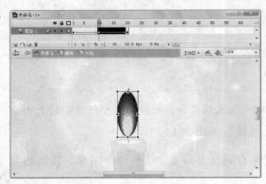 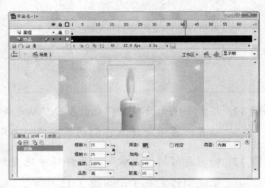

右 图 3-19

步骤 18　在 "物品" 图层的第 93 帧插入关键帧，然后将该帧中的影片剪辑 "蜡烛" 放大到 115%，再选中第 1 帧创建动画补间动画，如图 3-20 所示。

步骤 19　将 "背景" 图层的第 94 帧转换为关键帧，然后对该帧中的元件等进行适当的调整，就得到了一个新的背景，如图 3-21 所示。

步骤 20　用高度为 10 的白色线条绘制一个心形，然后将其转换为一个影片剪辑 "心"，再为其添加一个模糊的滤镜效果，修改模糊 X、Y 为 10，如图 3-22 所示。

步骤 21　按下 "+" 按钮，再为影片剪辑 "心" 添加一个发光的滤镜效果，修改模糊 X、Y 为 40，强度为 200%，如图 3-23 所示。

步骤 22　将 "物品" 图层的第 95、190 帧转换为关键帧，并为第 95 帧创建动画补间动画，然后分别对其中的影片剪辑 "蜡烛" 进行调整，得到蜡烛慢慢由右向左移动的动画效果，如图 3-24 所示。

步骤 23　将 "物品" 图层的第 191 帧转化为空白关键帧，"背景" 图层的第 191 帧转化为关键帧，并对该帧中的元件进行调整，得到一个新的背景，如图 3-25 所示。

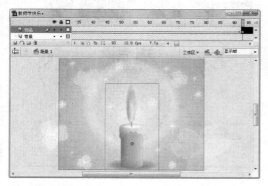
左 图 3-20

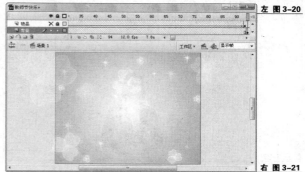
右 图 3-21

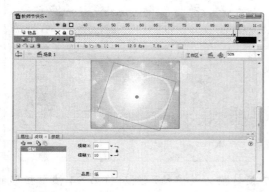
左 图 3-22

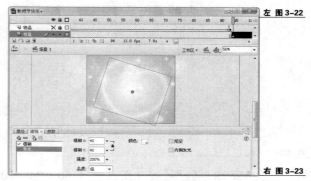
右 图 3-23

左 图 3-24

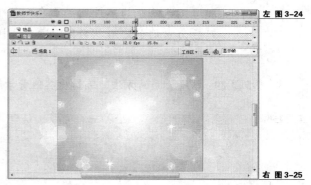
右 图 3-25

步骤 24 在一个新的组合中，使用各种绘图、编辑工具绘制出一个老师的图形，如图 3-26 所示。

步骤 25 回到主场景，在"物品"图层的第 191 帧中编辑出一个花丛的图形，然后将其转换 为一个影片剪辑"花"，再为其添加一个发光的滤镜效果，修改模糊 X、Y 为 30， 如图 3-27 所示。

步骤 26 在"物品"图层的上方插入一个新的图层"过渡"，在该图层中绘制一个可以覆盖 舞台的白色矩形，如图 3-28 所示。

步骤 27 将第 15 帧转换为关键帧，修改矩形的填充色为透明白色→透明度 60%白色的放射 状填充，再使用渐变变形工具对其进行调整，然后为第 1 帧创建形状补间动画，如 图 3-29 所示。

左 图3-26

右 图3-27

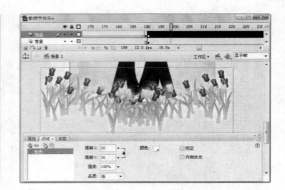

左 图3-28

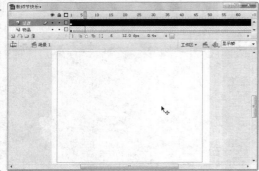

右 图3-29

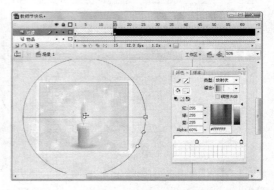

步骤 28 将"过渡"图层的第 80、94、107 帧转换为关键帧，然后将第 94 帧中矩形的填充色修改为不透明的白色，第 107 帧中矩形的填充色修改为透明的白色，然后为它们创建形状补间动画，这样就得到了背景间变化的过渡动画，如图 3-30 所示。

步骤 29 参照上面的方法，编辑出其他背景间变化的过渡动画，如图 3-31 所示。

左 图3-30

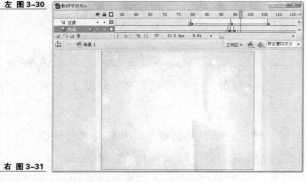

右 图3-31

步骤 30 在"过渡"图层的上方插入一个新图层，将其命名为"文字"，在该图层的第 23 帧中输入文字"仿佛默默燃烧的蜡烛……"，然后设置字体为方正粗倩简体，颜色为白色，并为其添加一个橙色的发光滤镜，修改强度为 1000%，如图 3-32 所示。

步骤 31 再为其添加一个红色的发光滤镜，修改模糊 X、Y 为 30，强度为 80%，如图 3-33 所示。

左 图 3-32

右 图 3-33

步骤 32　按下 "F8" 将其转换为一个影片剪辑 "文字 1",并在第 36 帧处插入关键帧,然后将第 23 帧中的影片剪辑向上移动,通过属性面板设置其透明度为 0%,再创建动画补间动画,设置缓动为 100,这样就得到文字向下淡入的动画效果,如图 3-34 所示。

步骤 33　参照上面的方法,在 "文字" 图层的第 60 帧至第 73 帧间,编辑出文字向下淡出的动画效果,如图 3-35 所示。

左 图 3-34

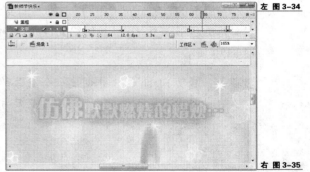
右 图 3-35

步骤 34　参照 "文字 1" 淡入、淡出的动画编辑方法,编辑出其他文字淡入、淡出的动画,如图 3-36 所示。

步骤 35　执行 "文件→导入→导入到库" 命令,将本书配套光盘 "\实例文件\第 3 章\课堂案例\" 目录下的声音文件导入到影片的元件库中,然后将其添加到 "黑框" 图层的第 1 帧,设置同步为数据流,如图 3-37 所示。

左 图 3-36

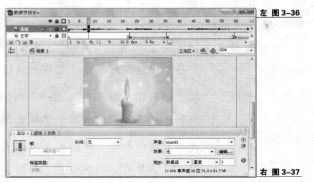
右 图 3-37

步骤36 按下组合键"Ctrl+S"保存文件，然后按下组合键"Ctrl+Enter"来测试影片，如图 3-38 所示。

图 3-38

请打开本书配套光盘"\实例文件\第 3 章\课堂案例\"目录下的"教师节快乐.fla"文件，查看本实例的具体设置。

课堂练习——生日贺卡

与上面的教师节贺卡不同，这张生日贺卡面对的是小朋友，因此在制作过程中选用了大量鲜艳的色彩，表现出儿童缤纷的世界，并配上活泼的音乐，使其能迎合小朋友的喜好，如图 3-39 所示。

步骤1 启动 Flash CS3 并创建一个空白的 Flash 文档（ActionScript 2.0），然后将其保存到指定的文件夹中。将影片的尺寸改成宽为 500 像素、高为 400 像素，如图 3-40 所示。

左 图 3-39
右 图 3-40

步骤2 将图层 1 改名为"黑框"，延长该图层的显示帧到第 150 帧，在该图层中绘制出一个只显示舞台的黑框，然后将该图层设置为轮廓显示，并锁定该图层。

步骤3 按下插入图层按钮，插入一个新图层"背景"，将其移动到"黑框"图层的下方，然后在该图层中绘制出一个绿色条纹的矩形作为墙壁，如图 3-41 所示。

步骤4 在一个新组合中，使用各种绘制工具绘制出一盆绿色植物的图形，然后对其进行复制，并调整好它们的位置，如图 3-42 所示。

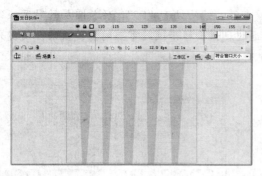

左 图 3-41

右 图 3-42

步骤 5 回到主场景中，将该组合转化为一个影片剪辑"植物"，然后通过属性面板为其添加一个投影的滤镜效果，设置模糊为 30，强度为 30%，颜色为黑色，角度为 72，距离为 30，如图 3-43 所示。

步骤 6 绘制出一些彩带的图形并将其转换为影片剪辑，然后通过属性面板为其添加一个投影的滤镜效果，设置模糊为 30，强度为 50%，颜色为黑色，角度为 45，距离为 20。这样就使画面产生了较强的层次感和光影效果，如图 3-44 所示。

左 图 3-43

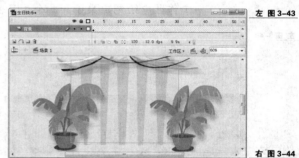

右 图 3-44

步骤 7 在舞台中间输入文字"HAPPY BIRTHDAY"，修改其字体为 Big Truck 字体，字号为 40，颜色为黄色。然后通过属性面板为其添加一个发光的滤镜效果，设置模糊为 8，强度为 1000%，颜色为红色，如图 3-45 所示。

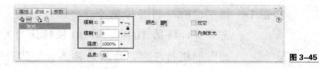

图 3-45

步骤 8 再为文字添加两个发光的滤镜效果，参照上面的参数对其进行设置，然后分别修改颜色为淡蓝色（#00CCFF）、白色，如图 3-46 所示。

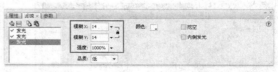

图 3-46

步骤 9 按下"添加滤镜"按钮，添加一个投影的滤镜效果，修改模糊为 20，颜色为绿色（#009900），如图 3-47 所示。

步骤 10 执行"修改→转换为元件"命令，将文字转换为一个新的影片剪辑，并命名为"生日快乐"。进入该元件的编辑窗口，在第 6 帧处按下 "F5"，延长图层的显示帧到第 6 帧，再将第 4 帧转换为关键帧，通过属性面板修改文字上的滤镜效果，使发光的顺序为浅蓝色、红色、白色，如图 3-48 所示。

左 图 3-47

右 图 3-48

步骤 11 插入一个新图层，在该图层中使用白色的刷子工具绘制出文字上面的立体高光效果，如图 3-49 所示。

步骤 12 在 "背景" 图层的上方插入一个新的图层，将其命名为 "蛋糕"，在该图层的绘图工作区中绘制出桌子和一个生日蛋糕的图形，如图 3-50 所示。

左 图 3-49

右 图 3-50

步骤 13 在生日蜡烛的上面绘制一个椭圆形，使用 "黄色（#FEDB4E）→红色（#FE4545）→透明红色" 的放射状渐变色填充，再使用渐变变形工具对其进行调整，如图 3-51 所示。

步骤 14 按下 "F8" 将其转换为一个影片剪辑，修改其名称为 "火苗"，进入该元件的编辑窗口中，将第 10 帧、第 20 帧转换为关键帧，然后使用任意变形工具对第 10 帧中的图形进行修改，最后为其添加形状补间动画，就得到了火苗闪动的动画效果，如图 3-52 所示。

左 图 3-51

右 图 3-52

 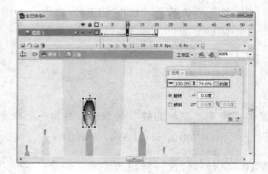

步骤 15 回到主场景中，对影片剪辑"火苗"进行复制，使每根蜡烛上都有一个火苗，如图 3-53 所示。

步骤 16 在"背景"图层与"蛋糕"图层的中间插入一个新图层，将其命名为"人物 A"，在该图层的绘图工作区中绘制出一个小男孩的图形，注意将其身体的各部分单独组合，如图 3-54 所示。

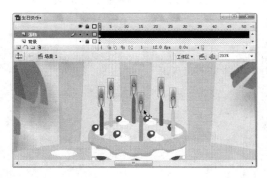

左 图 3-53

右 图 3-54

步骤 17 在"人物 A"图层的第 12 帧至第 104 帧间，用逐帧动画的方式，编辑出小男孩将手合在一起，然后吹蜡烛的逐帧动画，如图 3-55 所示。

第 1 帧　　　　　　第 12 帧　　　　　　第 14 帧　　　　　　第 16 帧

第 18 帧　　　　　　第 90 帧　　　　　　第 92 帧　　　　　　第 94 帧

图 3-55

第 96 帧　　　　　　第 98 帧　　　　　　第 100 帧　　　　　　第 104 帧

步骤 18 对照小男孩吹蜡烛的动画，将"蛋糕"图层的第 100 帧至第 103 帧转换为关键帧，依次删除各关键帧中的影片剪辑"火苗"，这样就得到蜡烛被依次吹灭的动画效果，如图 3-56 所示。

步骤 19 在"蛋糕"图层的上方插入一个新的图层"彩片"，然后将第 100 帧转换为关键帧，在舞台的正上方绘制一些黄色的碎纸片，按下"F8"将其转换为一个影片剪辑"彩片"。进入该元件的编辑窗口，再将这些黄色的碎纸片转换为一个影片剪辑"小纸片"，如图 3-57 所示。

左 图 3-56

右 图 3-57

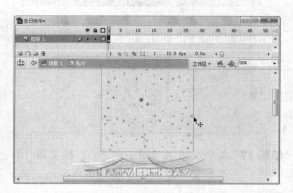

步骤 20 进入到影片剪辑"小纸片"的编辑窗口，将第 2 帧转换为关键帧，然后水平翻转其中的图形。

步骤 21 回到影片剪辑"彩片"的编辑窗口，使用刷子工具绘制出一条白色的曲线，然后将其转换为一个新的影片剪辑"彩条"，进入该元件的编辑窗口中，将第 2 帧转换为关键帧，再水平翻转其中的图形，如图 3-58 所示。

步骤 22 返回上一级元件的编辑窗口中，对影片剪辑"彩条"进行复制，并通过属性面板修改它们的色调，使其如图 3-59 所示。

左 图 3-58

右 图 3-59

步骤 23 回到主场景中，将"彩片"图层的第 140 帧转换为关键帧，并移动该帧中影片剪辑"彩片"的位置到舞台的正下方，选中第 100 帧创建动画补间动画，如图 3-60 所示。

步骤 24 在"背景"图层的上方插入一个图层，将其命名为"人物 B"，然后在第 100 帧处插入关键帧，在该帧中舞台的左边绘制出两个小朋友的图形，如图 3-61 所示。

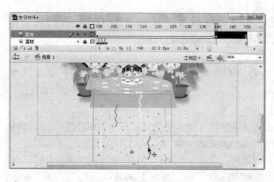

左 **图 3-60**

右 **图 3-61**

步骤 25 选中两个小朋友的图形，按下"F8"将其转换为一个影片剪辑"人物 B"，进入该元件的编辑窗口，将图层的显示帧延长到第 4 帧，并将第 3 帧转换为关键帧，修改该帧中各个组合的位置、角度，使影片播放时这两个小朋友有移动的动作，如图 3-62 所示。

步骤 26 回到主场景中，将"人物 B"图层的第 110 帧转换为关键帧，移动该帧中的影片剪辑到舞台内，然后为第 100 帧创建动画补间动画，如图 3-63 所示。

左 **图 3-62**

右 **图 3-63**

步骤 27 参照左边小朋友出现的动画，在一个新图层"人物 C"中，编辑出右边小朋友出现的动画，如图 3-64 所示。

步骤 28 在"彩片"图层的上方插入一个新图层，将其命名为"文字 A"。在该图层的第 5 帧中输入文字"轻轻闭上你的眼睛"，然后设置字体为华康少女字体，颜色为橙色（#FF6600），并为其添加一个白色发光的滤镜效果，再调整好其大小和位置，如图 3-65 所示。

左 **图 3-64**

右 **图 3-65**

步骤 29 按下"F8"将其转换为一个影片剪辑"文字 A"，并在第 15 帧处插入关键帧，然后将第 5 帧中的影片剪辑向下移动，通过属性面板设置其透明度为 0%，再创建动画补间动画，就得到文字向上淡入的动画效果，如图 3-66 所示。

步骤 30 参照上面的方法，在"文字 A"图层的第 40 帧至第 50 帧间，编辑出文字向上淡出的动画效果，如图 3-67 所示。

左 图 3-66

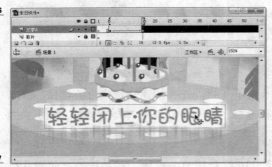 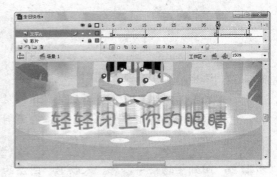

右 图 3-67

步骤 31 参照"文字 A"图层中动画的编辑方法，编辑出其他文字出现、消失的动画。

步骤 32 执行"文件→导入→导入到库"命令，将本书配套光盘"\实例文件\第 3 章\课堂练习\"目录下的所有声音文件导入到影片的元件库中，然后将其添加到影片中并进行适当的编辑。

步骤 33 按下组合键"Ctrl+S"保存文件，然后按下组合键"Ctrl+Enter"来测试影片。

请打开本书配套光盘"\实例文件\第 3 章\课堂练习\"目录下的"生日快乐.fla"文件，查看本实例的具体设置。

课后实训——新年贺卡

影片项目文件	光盘\实例文件\第 3 章\课后实训\新年贺卡.fla
影片输出文件	光盘\实例文件\第 3 章\课后实训\新年贺卡.swf
视频演示文件	光盘\实例文件\第 3 章\课后实训\视频演示\新年贺卡.avi

在设计这张新年贺卡时，要注意新年是一种传统节日，而剪纸也是一种传统的艺术，通常在新年时家家都会贴剪纸，因此这里使用了剪纸这种风格来表现新年，更能让人感受到节日的气氛，如图 3-68 所示。

图 3-68

新年贺卡的制作过程主要包括下面几点。

（1）导入图片作为纸张背景。

（2）编辑出剪纸图形。

（3）使用位图填充剪纸图形中的空隙。

（4）编辑动画，添加声音。

（5）导出影片，如图 3-69 所示。

图 3-69

请打开本书配套光盘"\实例文件\第 3 章\课后实训"目录下的"新年快乐.fla"文件，查看本实例的具体设置。

第4章
手机彩信设计

本章知识要点

◇ 认识彩信，了解其种类、应用领域、前景等方面的知识
◇ 学习使用 Flash 制作手机彩信的流程
◇ 了解部分 Flash 彩信的制作方法

本章学习导读

本章先介绍了什么是彩信，使读者对其有个大概的认识，然后针对当前主流彩信的制作方法进行讲解，使读者在制作过程中进一步了解彩信，并掌握主流彩信的制作方法。

4.1　认识手机彩信

彩信的英文名是 MMS，它是 Multimedia Messaging Service 的缩写，意为多媒体信息服务，通常又称为彩信。它最大的特色就是支持多媒体功能，能够传递功能全面、内容丰富的内容和信息，这些信息具体包括文字、图像、声音、数据等各种多媒体格式的信息。

彩信在技术上实际并不是一种短信，而是在 GPRS 网络的支持下，以 WAP 无线应用协议为载体传送图片、声音和文字等信息。彩信业务可实现即时的手机端到端、手机终端到互联网或互联网到手机终端的多媒体信息传送。而我们日常生活中最常见就是图像彩信，图像又包括 JPG 图片格式的静态彩信、GIF 图片格式的动态彩信、SWF 动画彩信及各种视频彩信等，其中 GIF 图片格式的动态彩信和 SWF 动画彩信，以其表现的内容丰富、文件小巧、便于传播等优点，成为了当前彩信中的主流彩信。而随着手机技术的飞速发展，SWF 动画彩信又以其文件小、容量大、互动支持等特点，开始取代 GIF 彩信，成为手机彩信的主流形式，如图 4-1 所示。

SWF 动画彩信主要是通过 Flash 编辑制作的，它与普通动画的制作方法大致相同，但需要在制作中注意动画的尺寸要适合手机的类型，和尽量降低 SWF 文件的大小。此外，由于手机技术对 Flash Lite Action Script 动作脚本的支持，使用户可以在手机上进行 Flash 游戏并传播，这也使其成为了一种新兴的互动彩信。

图 4-1

4.2 Flash 动画彩信的制作

Flash 动画彩信的制作与一般动画影片的制作差别不大，只是要在制作过程中注意以下点。

◇ 根据手机设置影片的尺寸。

◇ 根据影片内容，设置适当的帧频。

◇ 尽量少用组合、元件。

◇ 不能使用滤镜等效果。

通过上面的几点可以减少文件的大小，便于传播，同时由于不同手机的 Flash 播放器版本限制，使手机不能播放带滤镜等效果的影片。注意以上几点就可以得到漂亮、适用的手机彩信，如图 4-2 所示。

图 4-2

课堂案例——思念

步骤 1 启动 Flash CS3 进入到开始页面，单击"从模板创建"列表下的"更多"按钮，在弹出的"从模板新建"对话框中，选择"全球手机"类别下的"Nokia S60-176×208"模板，如图 4-3 所示。

图 4-3

步骤 2 双击时间轴下方的帧频栏,打开"文档属性"对话框,在该对话框中,将文档的帧频设为 8,如图 4-4 所示。

步骤 3 删除掉"ActionScript"图层并将"Layer 1"图层改名为"黑框",延长该图层的显示帧到第 325 帧处,然后在绘图工作区中绘制出一个只显示舞台的黑框,如图 4-5 所示。

左图 4-4

右图 4-5

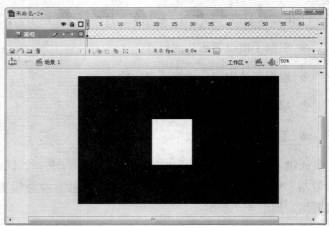

步骤 4 锁定并将该图层设置为轮廓显示状态,然后在其下方插入一个名为"背景"的新图层,在该图层中绘制出一个都市的夜景,如图 4-6 所示。

步骤 5 在"背景"图层的上方插入一个新的图层,将其命名为"人物",然后在该图层中绘制出一个男孩头的侧面,如图 4-7 所示。

步骤 6 将男孩的头转换为一个图形元件"男头",再按下"旋转与倾斜"按钮↺,将该元件的中心点移动到男孩的颈部,如图 4-8 所示。

步骤 7 进入该元件,将显示帧延长到第 4 帧并将第 3 帧转换为关键帧,对第 3 帧中男孩的头发形状进行适当的调整,这样在影片播放时就可以得到头发被风吹动的效果,如图 4-9 所示。

左 图4-6

右 图4-7

左 图4-8

右 图4-9

步骤 8　回到主场景中，选中图形元件"男头"并按下"F8"，将其转换为一个新的图形元件"男孩"，然后在该元件中，延长显示帧到 130 帧，再插入一个新的图层，并在该图层中绘制出男孩的衣服，如图 4-10 所示。

步骤 9　参照风吹头发的编辑方法制作出衣服被风吹的动画效果。

步骤 10　在图层 1 的第 30 帧和第 60 帧处插入关键帧，然后将第 60 帧中的人头旋转20°，并为第 30 帧创建动画补间动画，这样就得到男孩慢慢抬起头的动画效果，如图 4-11 所示。

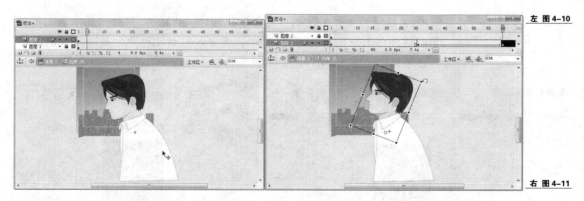
左 图4-10
右 图4-11

步骤 11　回到主场景中，在"人物"图层的第 1 帧至第 30 帧间编辑出图形元件"男孩"从右至左慢慢移动的动画补间动画，如图 4-12 所示。

步骤 12　将"人物"图层的第 60 帧转换为空白关键帧，"背景"图层的第 60 帧转换为关键帧，然后对背景进行调整，使其足够高，如图 4-13 所示。

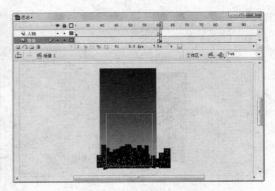

左 图 4-12

右 图 4-13

步骤 13 在天空中绘制一个星的图形，并将其转换为图形元件"星"，然后在该元件中，通过调整图形大小和透明度的方法，编辑出星闪烁的动画效果，如图 4-14 所示。

步骤 14 回到主场景中，将背景选中转换为一个影片剪辑"夜景"，如图 4-15 所示。

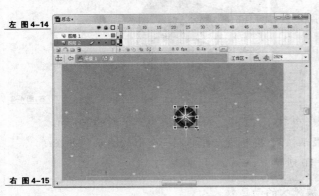
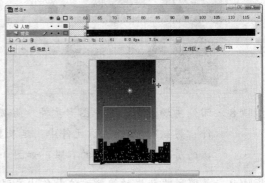

左 图 4-14

右 图 4-15

步骤 15 在"背景"图层的第 133 帧处插入关键帧，并调整好该帧中影片剪辑的位置，然后为第 60 帧创建动画补间动画，这样就得到了镜头慢慢移向天空的动画效果，如图 4-16 所示。

步骤 16 将第 172 帧转换为关键帧，然后右击影片剪辑"夜景"，执行"直接复制元件"命令，复制得到一个新的影片剪辑"接"，再进入到该元件中，删除城市的图形并绘制出一只手，如图 4-17 所示。

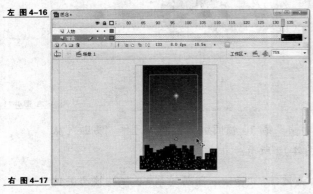
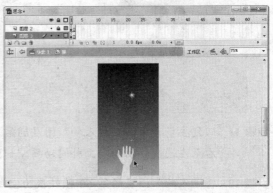

左 图 4-16

右 图 4-17

步骤 17 在主场景的第 172 帧至第 240 帧间，编辑出影片剪辑"接"向上移动的动画补间动画，这样就得到镜头向下移动的效果，如图 4-18 所示。

步骤 18 在"人物"图层的第 172 帧处插入空白关键帧，然后绘制出一个圆，修改其填充色为白色到白色透明的放射状填充，再将其转换为一个图形元件"星子"，如图 4-19 所示。

左 图 4-18

右 图 4-19

步骤 19 在图形元件"星子"中，将圆形再转换为一个图形元件"圆"，然后用 48 帧的长度编辑出"圆"沿引导线运动的动画，如图 4-20 所示。

步骤 20 双击图形元件"圆"进入其编辑窗口，将第 4、7 帧转换为关键帧，并创建形状补间动画，再将第 4 帧中圆的图形进行放大，如图 4-21 所示。

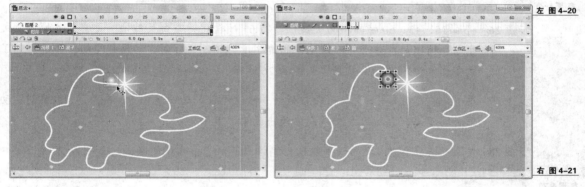

左 图 4-20

右 图 4-21

步骤 21 回到主场景中，将"人物"图层和"背景"图层的第 245 帧转换为空白关键帧，然后在"背景"图层中绘制出粉红的背景和一个女孩，如图 4-22 所示。

步骤 22 将女孩的图形转换为一个图形元件"女孩"，然后在该元件中编辑出女孩头发轻轻飘动的动画。

步骤 23 在"人物"图层的第 245 帧中绘制一只手的图形，然后将图形元件"圆"从元件库拖曳到舞台中，并调整好其位置、大小、层次，如图 4-23 所示。

步骤 24 选中手和图形元件"圆"，按下 F8 将其转换为影片剪辑"手"，然后将第 300 帧转换为关键帧，并将影片剪辑"手"稍稍向上移动，再为第 245 帧创建动画补间动画，如图 4-24 所示。

步骤 25 在"人物"图层的上方插入一个新的图层，将其命名为"文字"，然后在该图层的第 4 帧中创建静态文本"每当夜晚来临的时候"，并调整好其位置、大小、字体，然后将其转换为一个图形元件"文字 a"，如图 4-25 所示。

左 图4-22

右 图4-23

左 图4-24

右 图4-25

步骤 26 将第 15、45、60 帧转换为关键帧，第 61 帧转化为空白关键帧，再将第 4 帧中 "文字 a" 稍稍向左移动并修改元件的透明度为 0，然后创建动画补间动画，就得到了文字由左淡入的动画效果，如图 4-26 所示。

步骤 27 第 60 帧中 "文字 a" 稍稍向右移动并修改元件的透明度为 0，再为第 45 帧创建动画补间动画，就得到了文字向右淡出的动画效果。

步骤 28 参照 "文字 a" 出现的动画效果，编辑出其他文字出现的动画，如图 4-27 所示。

左 图4-26

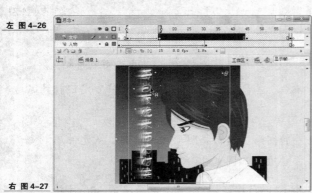

右 图4-27

步骤 29 在 "文字" 图层的上方插入一个名为 "过渡" 的图层，然后在该图层的第 58 帧绘制一个覆盖舞台的白色矩形，如图 4-28 所示。

步骤 30 将该图层的第 61、64 帧转换为关键帧，第 65 帧转换为空白关键帧，再将第 58、64 帧中矩形的颜色修改为透明，然后为第 58 至 64 帧创建形状补间动画，如图 4-29 所示。

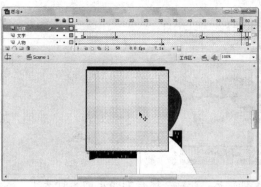

左 图 4-28

右 图 4-29

步骤 31 参照上面过渡动画的编辑方法，在影片其他场景转换处，创建过渡动画。

步骤 32 执行"文件→导入→导入到库"命令，将本书配套光盘"\实例文件\第 4 章\课堂案例\"目录下的声音文件"sound01"导入到元件库中。选中"黑框"图层的第 1 帧，通过属性面板为其添加声音，设置声音为 sound01，同步为数据流重复 8 次，如图 4-30 所示。

图 4-30

步骤 33 保存文件，然后按下组合键"Ctrl+Enter"，这时 Flash 会自动打开 Adobe Device Central CS3 窗口，使用手机模拟功能进行测试，如图 4-31 所示。

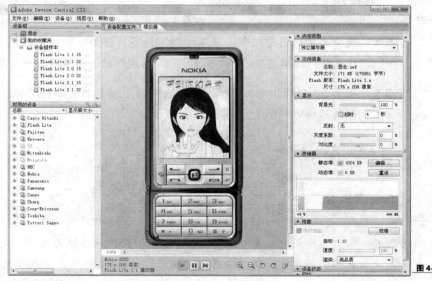

图 4-31

请打开本书"配套光盘\实例文件\第 4 章\课堂案例\"目录下的"思念.fla"文件，查看本实例的具体设置。

课堂练习——可爱妹妹给你照相

图 4-32

步骤 1 启动 Flash CS3 并新建一个的 Flash 手机模板，再将其保存到指定的文件夹中。双击时间轴下方的帧频栏，打开"文档属性"对话框，将帧频修改为 10。

步骤 2 删除掉"ActionScript"图层并将"Layer 1"图层改名为"黑框"，延长该图层的显示帧到第 300 帧处，然后在绘图工作区中绘制出一个只显示舞台的黑框，如图 4-33 所示。

步骤 3 锁定并将该图层设置为轮廓显示状态，然后在其下方插入一个名为"背景"的新图层。在该图层中依次绘制出天空、太阳、云朵、阳光、樱花树、草丛的图形，并将其分别组合起来，如图 4-34 所示。

左 图 4-33

右 图 4-34

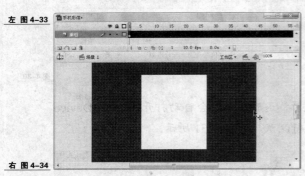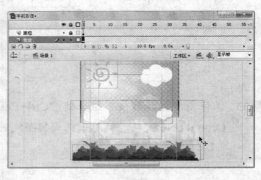

步骤 4 选中太阳的图形组合，按下"F8"将其转换为一个图形元件"转动的太阳"，进入该元件的编辑窗口，再次按下"F8"将太阳的图形转换为一个新的图形元件"太阳"。

步骤 5 将第 22 帧转换为关键帧，然后选中第 1 帧创建动画补间动画，通过属性面板设置旋转为顺时针 1 次，如图 4-35 所示。

图 4-35

步骤 6 回到主场景中，选中阳光组合并执行"修改→转换为元件"命令，将其转换为一个新的图形元件，将其命名为"阳光"。通过鼠标双击进入该元件的编辑窗口，延长该元件的显示帧到第 4 帧，然后将第 3 帧转换为关键帧，调整该帧中图形的大小，使影片播放时产生阳光闪烁的效果，如图 4-36 所示。

步骤 7 参照图形元件"阳光"的创建及动画编辑方法，依次编辑出云朵飘动、树木花草被风吹动的动画效果，如图 4-37 所示。

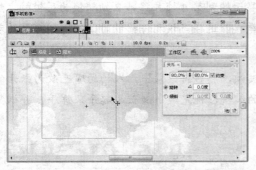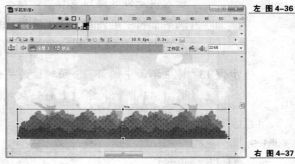

左 图 4-36

右 图 4-37

步骤 8 在 "黑框" 图层的下方插入一个新的图层，将其命名为 "女孩"，然后在该图层的
第 13 帧处按下 "F7" 插入一帧空白关键帧。在该帧中配合使用各种绘制工具编辑
出一个可爱的小女孩，注意将小女孩身体的各部分单独地组合起来，以便于后面的
动画制作，如图 4-38 所示。

步骤 9 按下 "F8" 将其转换为一个图形元件 "小女孩"，再将第 19 帧转换为关键帧，然后
选中第 13 帧并将该帧中的图形向下移动到舞台外，最后为其创建动画补间动画，
就得到小女孩向上移动到屏幕中的动画效果，如图 4-39 所示。

左 图 4-38

右 图 4-39

步骤 10 将第 22 帧转换为关键帧，并将该帧中的元件分离为组合，然后点击主工具栏中的
"旋转与倾斜" 按钮○，对该帧中各组合的注册点及角度进行调整，使小女孩做出
弯腰抬手的动作，如图 4-40 所示。

步骤 11 在第 23 帧处插入关键帧，进入小女孩头部的组合中，使用绘图工具将眼睛修改为
闭上的，然后再进入手的组合中，将手改为向上举起，如图 4-41 所示。

左 图 4-40

右 图 4-41

步骤 12 回到主场景，选中手的图形组合并按下"F8"，将其转换为一个图形元件"挥手"，进入该元件的编辑窗口中，延长显示帧到第 4 帧并将第 2 帧转换为关键帧，然后修改第 2 帧中的图形，使其再向上举起，这样当该元件播放时，就得到挥手的动画效果，如图 4-42 所示。

步骤 13 将主场景中的第 25 帧转换为关键帧，然后将该帧中，人物的嘴巴改为张开的，如图 4-43 所示。通过上面一系列的编辑，就完成小女孩举起手来挥手，并微笑的逐帧动画。

左 图 4-42

右 图 4-43

步骤 14 依次将第 23 帧复制并粘贴到第 31 帧上，将第 22 帧复制并粘贴到第 32 帧上，将第 19 帧复制并粘贴到第 34 帧上，这样在影片播放时，小女孩就重新恢复为直立状态，如图 4-44 所示。

步骤 15 将第 36 帧转换为关键帧，并将该帧中的图形分离为组合状态，然后按下"F8"将其转换为一个新的图形元件"说话的小女孩 A"。进入该元件的编辑窗口中，延长图层的显示帧到第 4 帧，将第 3 帧转换为关键帧，再修改该帧中的小女孩图形为说话状态，如图 4-45 所示。

左 图 4-44

右 图 4-45

步骤 16 复制形元件"说话的小女孩 A"得到一个新的图形元件"说话的小女孩 B"。进入该元件的编辑窗口中，对各帧中小女孩的左手进行修改，使其表现为小女孩将照相机拿起来并说话，如图 4-46 所示。

步骤 17 将第 90 帧、第 91 帧、第 94 帧转换为关键帧，参照前面的方法，依次编辑修改各帧中的图形，编辑出小女孩将照相机拿到眼前并准备照相的逐帧动画，如图 4-47 所示。

图 4-46

第 89 帧

第 90 帧

第 91 帧

第 94 帧

图 4-47

步骤 18 在第 120 帧处插入一帧关键帧，然后使用多角星形工具绘制出一道白色的闪光，再将其转换为一个图形元件"闪光"并调整好位置，如图 4-48 所示。

步骤 19 进入该元件中，将第 3 帧转换为关键帧，通过变形面板修改图形比例为 900%，使其覆盖住整个舞台，然后为第 1 帧创建形状补间动画，如图 4-49 所示。

步骤 20 将第 9 帧、第 20 帧转换为关键帧，修改第 20 帧中图形填充色的透明度为 0%，为它们创建形状补间动画，得到白光慢慢消失的动画效果。

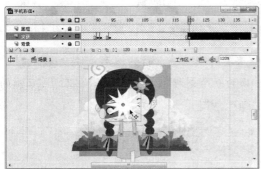

左 图 4-48

右 图 4-49

步骤 21 回到主场景，通过属性面板修改图形元件"闪光"的图形选项为"播放一次"，如图 4-50 所示。

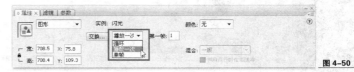

图 4-50

步骤 22 将第 91 帧复制并粘贴到第 146 帧上，然后根据照相机的角度绘制一张照片，并将其转换为一个图形元件"出照片"，然后在该元件中编辑出照片出来的动画效果，如图 4-51 所示。

图4-51

步骤 23 在主场景的第 179 帧至第 197 帧间，编辑出小女孩拿出照片并眨眼观看的逐帧动画，如图 4-52 所示。

第 178 帧　　　　　　第 179 帧　　　　　　第 180 帧　　　　　　第 183 帧

图4-52

第 190 帧　　　　　　第 192 帧　　　　　　第 195 帧　　　　　　第 197 帧

步骤 24 将第 205 帧转换为关键帧，配合使用各种工具修改其中的图形，使其如图 4-53 所示。

步骤 25 选中拿照片的手和照片，按下 "F8" 将其转换为一个新的图形元件 "递照片"，进入该元件的编辑窗口中，再将图形转换为一个图形元件 "照片"，然后用 30 帧的长度编辑出照片逐渐放大的动画补间动画，如图 4-54 所示。

左 图4-53

右 图4-54

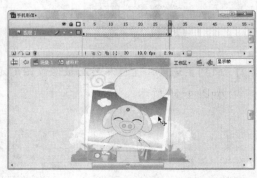

步骤 26 回到主场景中，在 "小女孩" 图层的上方插入一个新的图层，将其命名为 "文字"。在该图层中用大小为 30 的汉仪咪咪体简字体输入文字 "嗨!"，修改其填充色为白色，再将其转换为一个图形元件 "文字 A"。

步骤 27 进入该元件的编辑窗口，将文字分离为可编辑的矢量图形，然后使用蔚蓝色

（#0099FF）填充文字中空白的区域，再使用白色的刷子工具绘制出文字的高光，如图 4-55 所示。

图 4-55

步骤 28 在图层 1 的下方插入一个新图层，将图层 1 的第 1 帧复制并粘贴到该图层中，然后暂时将图层 1 设置为不可见，再把新图层中的图形修改为白色，选择墨水瓶工具 ，使用笔触高度为 3 的深蓝色（#0000FF）线条对其进行描边，如图 4-56 所示。

步骤 29 稍稍移动新图层中图形的位置，使其与原来的图形错开，恢复图层 1 为可视状态，完成静态文字的编辑，如图 4-57 所示。

左 图 4-56

右 图 4-57

步骤 30 延长该元件的显示帧到第 4 帧，将各图层的第 3 帧都转换为关键帧，框选住第 3 帧中的图形并将其向上移动，这样当影片播放时就得到文字抖动的动画效果。

步骤 31 参照"文字 A"的绘制方法，根据小女孩的动作编辑出其他的文字，在编辑的过程中要注意颜色的使用，尽量鲜艳一些，以符合彩信的制作要求，如图 4-58 所示。

图 4-58

步骤 32 为动画添加声音并发布影片。

请打开本书配套光盘"\第 4 章\课堂练习\"目录下的"可爱妹妹给你照相.fla"文件，查看本实例的具体设置。

课后实训——GIF 彩信的制作

影片项目文件	光盘\实例文件\第 4 章\课后实训\万圣节快乐.fla
影片输出文件	光盘\实例文件\第 4 章\课后实训\万圣节快乐.swf
视频演示文件	光盘\实例文件\第 4 章\课后实训\视频演示\万圣节快乐.avi

　　GIF 是英文 Graphics Interchange Format（图形交换格式）的缩写。顾名思义，这种格式是用来快速传输图片的。GIF 格式的图片具有压缩比高、磁盘空间占用较少、下载速度快、可用显示动画等优点，所以这种图像格式在现在的媒体传播中依然有着广泛的应用。

图 4-59

　　使用 Flash 制作 GIF 手机彩信，其制作过程主要包括下面几点，如图 4-60 所示。

　　（1）在 Flash 中制作完成动画影片。

　　（2）将影片导出为 BMP 序列文件。

　　（3）将 BMP 序列文件导入到 GIF 专业制作软件中。

　　（4）导出 GIF 图片。

图 4-60

　　在 Flash 制作 GIF 手机彩信时，尽管 Flash 支持导出 GIF 格式动态图片，但由于 Flash 本身对 GIF 支持的问题，造成得到的 GIF 图片效果很差、文件较大。因此，这里一般是导出质量较高的 BMP 序列文件，然后将其导入到 PhotoshopImageReady、Easy GIF Animator 等专业的 GIF 制作软件中，再导出为 GIF，这样就可以得到文件小巧、效果精美的 GIF 彩信了。

第5章
教学课件的制作

本章知识要点

◈ 认识教学课件

◈ 了解教学课件的种类

◈ 掌握部分教学课件的制作方法

本章学习导读

本章先介绍了教学课件的作用及教学课件种类等方面的相关知识，使读者对其有一个全面的了解，然后针对几个典型、常用类型的教学课件制作过程进行讲解，帮助读者举一反三掌握教学课件的制作方法。

5.1　教学课件的设计方法

教学课件是用计算机或电视机放映与课本相关的内容，如图片、文章、资料、录音、录像等，以帮助学生更加直观、具体、生动地了解课本内容，是一种新型的辅助教学的方法。

教学课件从制作方式上划分，可以包括 PPT（幻灯片）课件、PDF 课件、动画视频课件、Flash 课件等。因为 Flash 强大的编辑功能，使其可以编辑出各种内容齐全的幻灯片课件、动画视频课件及各种功能强大的互动课件。其中幻灯片课件可以快速地通过 Flash 的幻灯片模板快速创建，动画视频课件也可以通过 Flash 的动画编辑功能得到，而各种互动课件就必须根据要讲解的教学内容，通过 Flash 编辑相应的程序来实现。本章通过制作三种不同类型的互动课件，使读者掌握一些课件制作的基本原理，从而能开发出更复杂、更完善、更多样化的教学课件。

5.2　教学课件的制作

课堂案例——少儿英语课件：看图写单词

本实例是一个看图写单词的儿童英语课件，主要包括了答题功能、答案参考功能、倒数计时功能及判断评分功能。通过该实例的制作，读者可以了解填空类课件的实现原理，从而掌握填空类课件的制作方法，如图 5-1 所示。

步骤 1 启动 Flash CS3 创建一个空白的 Flash 文档（ActionScript 2.0）并将其保存到指定的文件夹中。

步骤 2 执行"文件→导入→导入到库"命令，将本书配套光盘"\实例文件\第 5 章\课堂案例\"目录下的所有声音文件导入到影片的元件库中。

步骤 3 将图层 1 改名为"背景"，在该图层中配合使用各种绘图工具绘制出影片的背景，如图 5-2 所示。

左 **图 5-1**

右 **图 5-2**

步骤 4 在工具面板中选择矩形工具，通过属性面板将该矩形的边角半径设置为 20，边线为笔触高度为 4 的黄色（#FFFF00）线条，填充色为透明度 60%的白色，如图 5-3 所示。

图 5-3
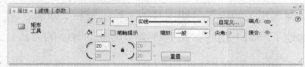

步骤 5 按下组合键"Ctrl+G"创建一个新的组合，然后在该组合中绘制一个圆角矩形，再使用选择工具调整矩形的边线，使其如图 5-4 所示。

步骤 6 回到主场景中，插入一个新图层，将其命名为"题目"，在该图层中绘制出一些小动物，然后将其转换为一个影片剪辑"动物"，再调整好该元件的位置、大小，如图 5-5 所示。

左 **图 5-4**
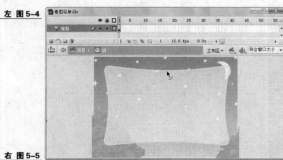

右 **图 5-5**
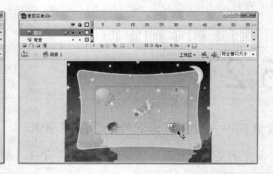

步骤 7 通过属性面板为其添加一个发光的滤镜效果，设置模糊为 20，颜色为深蓝色（#003399）。

步骤 8 使用大小为 35 的华康少女文字字体输入文字"看图写单词"，然后将其修改为不同的颜色，在美化画面的同时，也迎合了小朋友喜欢绚丽多彩颜色的特点，使之更容易吸引他们的注意力。

步骤 9 调整好文字的位置，为其添加一个发出白光的滤镜效果，如图 5-6 所示。

步骤 10 在每个小动物的下面绘制一条白线，然后分别在白线的上方创建一个输入文本，通过属性面板依次修改其实例名为"_root.text01、_root.text02……_root.text05"，如图 5-7 所示。

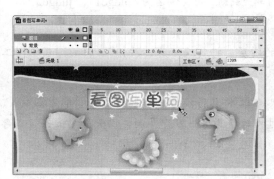
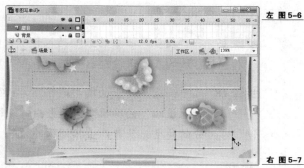

左 **图 5-6**

右 **图 5-7**

步骤 11 在所有图层的上方插入一个名为"判断"的新图层，在该图层中对照下面的输入文本框绘制一个透明的圆，然后将其转换为一个新的影片剪辑"判断"，这样就制作出了一个隐形元件，如图 5-8 所示。

步骤 12 进入该元件的编辑窗口中，将第 2 帧、第 3 帧都转换为空白关键帧，然后在第 2 帧的绘图工作区中绘制出一个红勾，如图 5-9 所示。

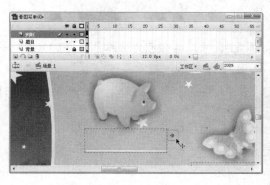
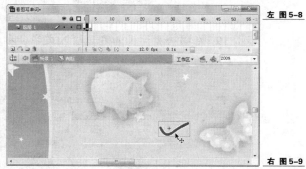

左 **图 5-8**

右 **图 5-9**

步骤 13 在第 3 帧的绘图工作区中，绘制出一个红叉的图形，如图 5-10 所示。

步骤 14 通过动作面板依次为第 1 帧至第 3 帧添加如下动作代码。

```
stop();
//该元件停止播放
```

步骤 15 回到主场景中，将影片剪辑"判断"复制并粘贴，使每一个输入文本后都有一个该元件，如图 5-11 所示。

左 图 5-10

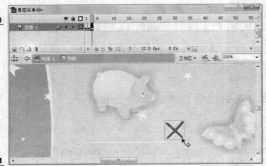 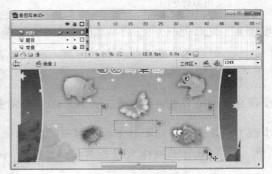

右 图 5-11

步骤 16 通过属性面板依次修改舞台中影片剪辑"判断"的实例名为"judge1"、"judge2"……
"judge5"。

步骤 17 在"题目"图层的上方插入一个新的图层，将其改名为"按钮"，在该图层绘图工
作区的左下角绘制出一枝树丫和一只猫头鹰博士，如图 5-12 所示。

步骤 18 选中猫头鹰博士的图形，按下"F8"键，将其转换为一个按钮元件"参考答案"。
进入该元件的编辑窗口，将指针经过帧转换为关键帧，再调整猫头鹰博士各组成部
分的角度，使其产生抬翅膀的效果，如图 5-13 所示。

左 图 5-12

 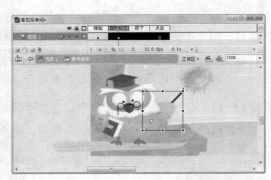

右 图 5-13

步骤 19 在猫头鹰博士的右边输入文字"参考答案"，修改其颜色为紫红色（#FF33CC）并
为其添加一个发出白光的滤镜效果，如图 5-14 所示。

图 5-14

步骤 20 通过属性面板为指针经过帧添加一个声音 sound1，设置同步为事件重复 1 次。

步骤 21 返回主场景中，打开动作面板为"参考答案"的按钮元件，并添加如下动作代码。

```
on (rollOver) {
//鼠标滑过时
_root.text01="pig";
_root.text02="frog";
_root.text03="butterfly";
_root.text04="ladybug";
_root.text05="fish";
//定义各输入文本的显示内容，即显示正确答案
}
on (rollOut) {
//鼠标滑离时
_root.text01="";
_root.text02="";
_root.text03="";
_root.text04="";
_root.text05="";
//各输入文本的显示内容为空
}
```

步骤 22 在舞台的右下角绘制一个黄色的圆角矩形，然后创建一个蓝色的静态文本"提交"，再编辑出矩形的高光效果，按下"F8"将其转换为一个影片剪辑"按钮"，修改其实例名为"button"，如图 5-15 所示。

步骤 23 进入该元件的编辑窗口，将所有的图形再转换为一个按钮元件"提交"，再进入按钮元件的编辑窗口中，将指针经过帧转换为关键帧，修改文字的颜色为浅蓝色（#00CCFF），并为其添加一个白色的发光效果，如图 5-16 所示。

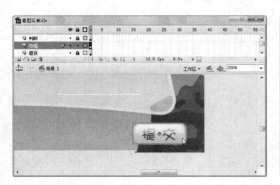 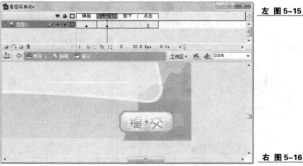

左 图 5-15

右 图 5-16

步骤 24 通过属性面板为其添加一个声音 sound2，设置同步为事件重复 1 次。

步骤 25 返回到影片剪辑"按钮"的编辑窗口中，将第 2 帧转换为关键帧，选择该帧中的按钮元件"提交"并点击鼠标右键，在弹出的命令菜单中选择"直接复制元件"命令，得到一个新的按钮元件"清除"，如图 5-17 所示。

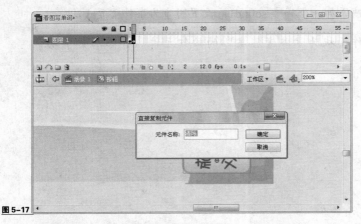

图 5-17

步骤 26 进入该按钮元件的编辑窗口，依次将各关键帧中的文字修改为"清除"。

步骤 27 选中影片剪辑"按钮"的第 1 帧，为其添加如下动作代码。

```
stop();
//该元件停止播放
```

步骤 28 选择按钮元件"提交"，为其添加如下动作代码。

```
on (release, keyPress "<Enter>") {
//当鼠标按下释放后，或者按下回车键时，即主动交卷
  if (_root.text01 == "pig") {
//如果变量为"_root.text01"输入文本的值为"pig"时，即输入的答案正确时
     _root.judge1.gotoAndStop(2);
//实例名为"judge1"的元件转到第 2 帧并停止，即表现为正确
     _root.mark += 20;
//成绩加 20 分
  } else {
//否则，即输入的答案错误时
     _root.judge1.gotoAndStop(3);
//实例名为"judge1"的元件转到第 3 帧并停止，即表现为错误
  }
  if (_root.text02 == "frog") {
     _root.judge2.gotoAndStop(2);
     _root.mark += 20;
  } else {
     _root.judge2.gotoAndStop(3);
  }
  if (_root.text03 == "butterfly") {
     _root.judge3.gotoAndStop(2);
     _root.mark += 20;
  } else {
     _root.judge3.gotoAndStop(3);
  }
  if (_root.text04 == "ladybug") {
     _root.judge4.gotoAndStop(2);
     _root.mark += 20;
```

```
    } else {
        _root.judge4.gotoAndStop(3);
    }
    if (_root.text05 == "fish") {
        _root.judge5.gotoAndStop(2);
        _root.mark += 20;
    } else {
    _   root.judge5.gotoAndStop(3);
    }
    //根据用户输入的内容，判断出其他的题目的对错
    _root.brand.gotoAndStop(14);
    //实例名为"brand"的元件转到第14帧并停止，即显示成绩
    nextFrame();
    //该元件转下一帧，即显示"清除"按钮
}
```

步骤 29 选择第 2 帧中的按钮元件"清除"，为其添加如下动作代码。

```
on (release) {
//按下并释放按钮
_root.text01="";
_root.text02="";
_root.text03="";
_root.text04="";
_root.text05="";
//所有的输入文本为空
_root.judge1.gotoAndStop(1);
_root.judge2.gotoAndStop(1);
_root.judge3.gotoAndStop(1);
_root.judge4.gotoAndStop(1);
_root.judge5.gotoAndStop(1);
//所有判断对错的元件转到第1帧，即不可见
_root.brand.gotoAndPlay(2);
//计时器重新开始计时
_root.time=60;
_root.mark=0;
//定义时间和成绩的初始值
prevFrame();
//该元件转到上一帧，即显示为"提交"按钮
}
```

步骤 30 在"按钮"图层舞台的右上角绘制一个圆形的显示栏，然后将其转换为一个影片剪辑并命名为"计时器"，再修改实例名为"brand"，如图 5-18 所示。

步骤 31 进入该元件的编辑窗口，延长图层的显示帧到第 14 帧，然后插入一个新的图层，在该图层中对照显示栏创建静态文本"TIME:"，在其后面再创建一个动态文本，设置其变量为"_root.time"，修改它们的填充色为蓝色（#0066FF），如图 5-19 所示。

左 图 5-18
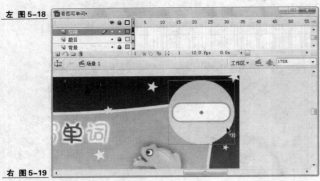
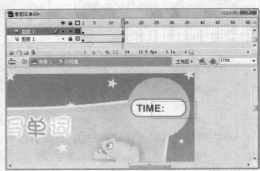
右 图 5-19

步骤 32　将图层 2 的第 14 帧转换为关键帧，修改其中文字的颜色为红色，修改静态文本的
　　　　　内容为 "MARK:"，动态文本的变量为 "_root.mark"，如图 5-20 所示。

步骤 33　插入一个新的图层，在该图层中绘制出显示栏的高光效果，如图 5-21 所示。

左 图 5-20
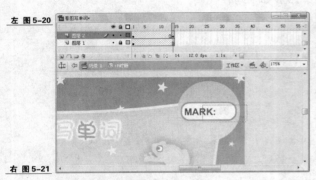
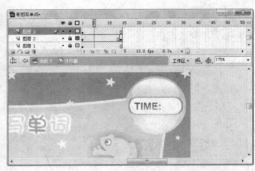
右 图 5-21

步骤 34　在所有图层的顶部插入一个新的图层，将该图层的第 13 帧、第 14 帧转换为空白关
　　　　　键帧，再选中第 1 帧，为其添加如下动作代码。

```
_root.time=60;
//定义时间的初始值为 60
_root.mark=0;
//定义得分的初始值为 0
```

步骤 35　选中第 13 帧，为其添加如下动作代码。

```
if (_root.time<=0) {
//如果时间小于或等于 0
gotoAndStop(14);
//该元件转到第 14 帧并停止，即测试时间结束，显示测试成绩
} else {
//否则
_root.time -= 1;
//时间减去 1，即实现倒计时功能
gotoAndPlay(2);
//该元件转到第 2 帧并播放，即继续计时
}
```

步骤36 选中第 14 帧，为其添加如下动作代码。

```
if (_root.time<=1) {
//当时间小于等于 1 时，即属于测试时间到，被迫交卷
if (_root.text01 == "pig") {
//如果变量为"_root.text01"输入文本的值为"pig"时
    _root.judge1.gotoAndStop(2);
//实例名为"judge1"的元件转到第 2 帧并停止，即表现为正确
    _root.mark += 20;
//成绩加 20 分
 } else {
//否则
    _root.judge1.gotoAndStop(3);
//实例名为"judge1"的元件转到第 3 帧并停止，即表现为错误
 }
 if (_root.text02 == "frog") {
    _root.judge2.gotoAndStop(2);
    _root.mark += 20;
 } else {
    _root.judge2.gotoAndStop(3);
}
if (_root.text03 == "butterfly") {
    _root.judge3.gotoAndStop(2);
    _root.mark += 20;
} else {
    _root.judge3.gotoAndStop(3);
 }
if (_root.text04 == "ladybug") {
    _root.judge4.gotoAndStop(2);
    _root.mark += 20;
} else {
    _root.judge4.gotoAndStop(3);
}
if (_root.text05 == "fish") {
    _root.judge5.gotoAndStop(2);
    _root.mark += 20;
} else {
    _root.judge5.gotoAndStop(3);
}
//根据用户输入的内容，判断出其他的题目的对错
_root.button.nextFrame();
//实例名为"button"的元件转下一帧，即显示"清除"按钮
}
```

步骤37 保存文件并测试影片，如图 5-22 所示。

请打开本书配套光盘"\实例文件\第 5 章\课堂案例\"目录下的"看图写单词.fla"文件，查看本实例的具体设置。

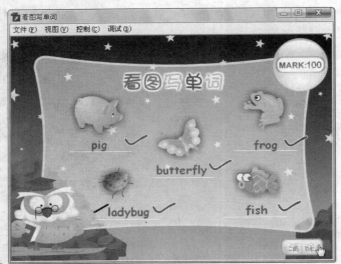

图 5-22

课堂练习——物理课件：运动参照物

本实例是一个简单的物理学课件，在该课件中按下相应的按钮，可以使飞机作为参照物，云层运动，或者云层作为参照物，飞机运动，还可以通过调节滑块来调节它们运动的速度，如图 5-23 所示。

步骤 1　新建一个 Flash 文档，修改尺寸为 400 像素×280 像素，设置其背景颜色为灰色，将其以"运动参照物选择演示"命名并保存到指定的目录，如图 5-24 所示。

左 图 5-23

右 图 5-24

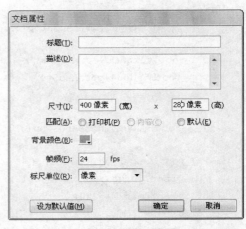

步骤 2　按下组合键 "Ctrl+F8"，新建一个影片剪辑元件 "云"，进入其编辑窗口，使用绘图工具绘制一朵云的形状，将其组合后进行复制，得到云层的影片剪辑元件，如图 5-25 所示。

步骤 3　按下组合键 "Ctrl+F8"，新建一个影片剪辑元件 "飞机"，进入其编辑窗口，使用绘图工具绘制一架飞机，如图 5-26 所示。

步骤 4　回到场景编辑窗口，绘制如图 5-27 所示的方框。

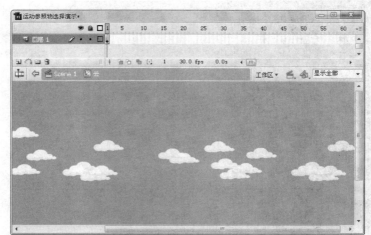

图 5-25

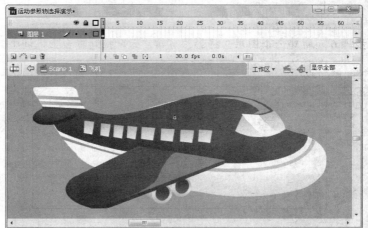

图 5-26

图 5-27

步骤 5 从公用库面板中调用合适的按钮元件，并配以文字说明，如图 5-28 所示。

图 5-28

步骤 6 新建一个图层，将影片剪辑"云"拖到舞台上，调整其位置和大小，设置其实例名称为"wind"，如图 5-29 所示。

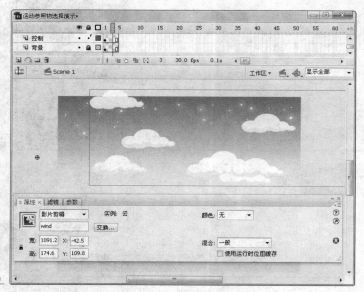

图 5-29

步骤 7 新建一个图层，将影片剪辑"飞机"拖到舞台上，调整其位置和大小，设置其实例名称为"plane"，如图 5-30 所示。

步骤 8 进入影片剪辑元件"fader"编辑窗口，为元件"fader button"添加如下代码。

```
on (press) {
startDrag("", false, left, top, right, bottom);
}
//按下鼠标开始在规定范围内拖曳
on (release) {
stopDrag();
}
//释放鼠标停止拖曳
```

图 5-30

步骤 9 回到场景编辑窗口，为元件"fader"添加如下代码。

```
onClipEvent (load) {
  initx = _x;
  left = _x;
  right = _x+100;
  top = _y;
  bottom = _y;
}
//加载变量的初始值
```

步骤 10 为红色按钮添加如下代码。

```
on(press)
{
gotoAndPlay(1);
}
//按下鼠标，影片转到第 1 帧并播放
```

步骤 11 为紫色按钮添加如下代码。

```
on(press)
{
 gotoAndPlay(3);
}
//按下鼠标，影片转到第 3 帧并播放
```

步骤 12 新建一个图层，在第 1 帧到第 4 帧插入关键帧，并为第 1 帧添加如下代码。

```
xspeed= (_root.horizFader._x-_root.horizFader.initx)/5;
palne._x += xspeed;
//根据滑动条的位置确定飞机的位移速度。
if (palne._x<1) {
     palne._x = 550;
}
```

```
if (palne._x>550) {
    palne._x = 1;
}
//设置当飞机移出舞台后，从舞台的另一方出现
```

步骤 13 为第 2 帧添加如下代码。

```
gotoAndPlay(1);
//转到第 1 帧并播放
```

步骤 14 为第 3 帧添加如下代码。

```
xspeed= (_root.horizFader._x-_root.horizFader.initx)/5;
wind._x-= xspeed;
//根据滑动条的位置确定云的位移速度
if (wind._x<-440) {
wind._x = 0;
  }
//设置当云要移出绘图工作区时，跳回来继续移动
```

步骤 15 为第 4 帧添加如下代码。

```
gotoAndPlay(3);
//转到第 3 帧并播放
```

步骤 16 按下组合键 "Ctrl+S" 保存影片，再按下 "Ctrl+Enter" 进行预览并发布。

请打开本书配套光盘 "\实例文件\第 5 章\课堂案例\" 目录下的 "运动参照物.fla" 文件，查看本实例的具体设置。

课后实训——数学课件：计算三角形的面积

影片项目文件	光盘\实例文件\第 5 章\课后实训\计算三角形的面积.fla
影片输出文件	光盘\实例文件\第 5 章\课后实训\计算三角形的面积.swf
视频演示文件	光盘\实例文件\第 5 章\课后实训\视频演示\计算三角形的面积.avi

本实例是一个数学课件，在该课件中用户可以通过拖曳三角形的三个顶点，改变其形状，使三角形下方动态文本框的值也随之变化，并计算出此时三角形的面积，如图 5-31 所示。

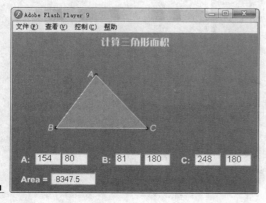

图 5-31

使用 Flash 制作 GIF 手机彩信，其制作过程主要包括下面几点。

（1）创建三角形顶点的按钮元件并添加控制其他的代码。

（2）为影片剪辑添加绘制线条和填充的代码。

（3）设置动态文本框的变量，在关键帧中添加代码，实现即时计算。

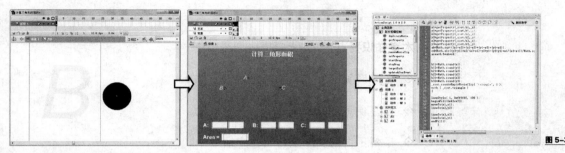

图 5-32

请打开本书配套光盘"\实例文件\第 5 章\课后实训\"目录下的"计算三角形的面积.fla"文件，查看本实例的具体设置。

第6章
网页广告制作

本章知识要点

◆ 了解网页广告相关方面的知识

◆ 学习使用 Flash 制作网页广告的流程

◆ 了解不同网页广告的制作方法

本章学习导读

　　本章先介绍了什么是广告，以及广告的特点、分类等方面的知识，使读者对其有个大概的认识。然后针对一些较常见的网页广告的制作方法进行了讲解，并介绍了一些广告设计中常用的表现手法及技巧，使读者掌握网页广告制作的方法，认识一些广告设计的方法和技巧。

6.1　了解广告的分类

　　广告是为了某种特定的需要，通过一定形式的媒体，公开而广泛地向公众传递信息的宣传手段。广告有广义和狭义之分，广义广告包括非经济广告和经济广告。非经济广告指不以盈利为目的的广告，又称效应广告，如政府行政部门、社会事业单位乃至个人的各种公告、启事、声明等，主要目的是推广。狭义广告仅指经济广告，又称商业广告，是指以盈利为目的的广告，通常是商品生产者、经营者和消费者之间沟通信息的重要手段，或企业占领市场、推销产品、提供劳务的重要形式，主要目的是扩大其经济效益。这类广告也是最常见的。

　　广告也可以根据其传播载体的不同分为电视广告、招牌广告、网页广告、人体广告等，这里将介绍的主要是网页广告。网页广告根据其表现形态又可以分为静态广告、动画广告、视频广告，其中静态广告一般是一张静态的 jpeg 格式的图片，表现内容相当有限，而视频广告通常制作成本较高、文件较大、不便于传播，因此当前网页广告的主流是使用 Flash 等动画编辑软件制作的动画广告。

6.2　Flash 网页广告的设计和制作

"广告的本质是宣传，广告的灵魂是创意"，在设计和制作广告时，要牢牢抓住广告对象的特征，并由此展开创意，对其进行宣传。只有满足了上面的特点，制作出来的广告才能算是合格的广告。因此在广告的设计、制作过程中要注意以下几点。

◆ 广告的宣传性：及能让大众明白广告对象的基本信息、特点等。

◆ 广告的传播性：根据不同的广告内容，选择不同类型的广告以便于传播。

◆ 广告的创意：在宣传性的基础上，对广告对象的基本信息、特点等进行夸张、突出的表现，用独特的方式来表现广告对象。

◆ 学习不同的广告表现手法。

这里要说明一点，每个人的思维方式不同，因此创意也会五花八门，而创意也不能通过简单的教学就能掌握，本章介绍的也只能是引导读者开启创意思维的一块指路标，好的创意是需要日常学习、生活中的点点滴滴在大脑中的沉淀，以及灵光一闪的激情。

课堂案例——横幅广告："五彩"显示器广告的制作

为商品制作广告，首先应该了解该商品的特点，然后针对其特点进行广告的创作，才能有效地突出该商品。在该案例中，则表现为该款显示器拥有多彩外观的特点，并根据该特点进行广告制作。网络广告一般都规定了尺寸大小，所以我们要在这有限的空间尽量突出该商品的特点。这里还要提醒大家一点，广告的时间不能太长，因为用户浏览网站不会专门欣赏广告的，也许广告还没播放完，他就已经关闭了浏览窗口。在该案例的制作中采用了下面的广告表现手法。

1. 突出特性表现手法

突出特性表现手法是运用各种方式抓住和强调广告对象与众不同的特征，并把它充分表现出来。它是一种十分常见的广告表现手法，是突出广告主题的重要方法，在广告设计中有着不可忽视的表现价值。

2. 悬念安排表现手法

悬念安排表现手法是在广告中故弄玄虚、布下疑阵，利用人的好奇心勾起其兴趣，使其积极展开联想，然后将广告的主题明确出来，在悬念解除的同时给人留下深刻的印象。这种广告表现手法能吸引人的注意力并激发其兴趣，产生引人入胜的效果，在广告设计中具有相当高的艺术价值。

图 6-1

步骤 1 启动 Flash CS3 并创建一个空白的 Flash 文档（ActionScript 2.0），然后将其保存到指定的文件夹中。将影片的尺寸改为宽 560 像素、高 130 像素，帧频修改为 18，如图 6-2 所示。

步骤 2 将图层 1 改名为"黑框"并延长该图层的显示帧到第 180 帧，在该图层中绘制出一个只显示舞台的黑框。

步骤 3 绘制一个与舞台大小一样的矩形并调整位置，使其正好覆盖住舞台，按下"F8"将其转换为一个新的按钮元件"隐形按钮"，进入该元件的编辑窗口中，将弹起帧下的关键帧拖曳到点击帧下，如图 6-3 所示。

左 图 6-2

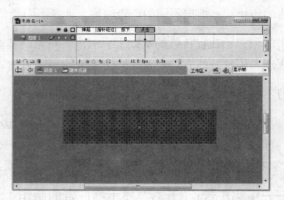

右 图 6-3

步骤 4 回到主场景中，为按钮元件"隐形按钮"添加如下动作代码，使其可以快速链接广告对象所在的专题网页，从而使对该产品有兴趣的浏览者对该产品有更深入的了解。

```
on (press) {
getURL("http://www.wcxsq.com", "_blank");
}
```

步骤 5 将"黑框"图层设置为轮廓显示，并锁定该图层，然后在该图层的下方插入一个新的图层，将其命名为"背景"，再延长所有图层的显示帧到 180 帧。

步骤 6 在"背景"图层中绘制一个覆盖住舞台的矩形，然后使用灰色→白色的线性渐变填充对其进行填充并调整，使其效果如图 6-4 所示。

步骤 7 创建一个新的影片剪辑"显示器旋转"，执行"文件→导入→导入到舞台"命令，将本书配套光盘"\实例文件\第 6 章\课堂案例\"目录下的位图文件 001-006 导入到舞台，然后将第 1 帧复制到第 7 帧，并延长显示帧到第 50 帧，如图 6-5 所示。在广告的制作过程中，产品的相关图片通常可以通过实物拍摄或 3d 制作软件编辑得到。

步骤 8 回到主场景中，将影片剪辑"显示器旋转"从元件库中拖到一个新图层"显示器"中，然后通过"直接复制元件"命令，得到一个新的影片剪辑"显示器"。在该元件中，将第 2 帧至第 50 帧删除，并将位图 001 放大至 250%，如图 6-6 所示。

步骤 9 回到主场景中，将"显示器"图层的第 40 帧至第 80 帧转换为关键帧，并将第 80 帧中影片剪辑"显示器"缩小至 25%，然后为 40 帧创建动画补间动画，如图 6-7 所示。

左 图 6-4

右 图 6-5

左 图 6-6

左 图 6-7

右 图 6-7

步骤 10　在第 83 帧处插入关键帧，右键单击影片剪辑"显示器"并执行"交换元件"命令，将元件交换为影片剪辑"显示器旋转"，如图 6-8 所示。

步骤 11　将第 86 帧转换为关键帧，第 100 帧转换为空白关键帧，然后为该帧中的影片剪辑"旋转显示器"添加一个模糊的滤镜效果，设置模糊 X 为 100，模糊 Y 为 5，如图 6-9 所示。

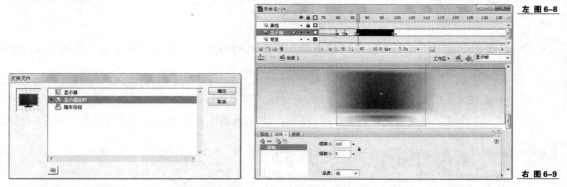

左 图 6-8

右 图 6-9

步骤 12　为影片剪辑"旋转显示器"添加一个调整颜色的滤镜效果，将红色的显示器修改为蓝色，如图 6-10 所示。

步骤 13　将第 90 帧转换为关键帧，然后将该帧中影片剪辑模糊滤镜的值修改为 0，再为第 83、86 帧创建动画补间动画，如图 6-11 所示。这样在影片播放时就得到了显示器旋转变色的动画效果。

步骤 14　参照上面的方法，在第 100 帧至 106 帧间编辑出蓝色显示器旋转变为绿色显示器的动画补间动画，如图 6-12 所示。

左 图 6-10
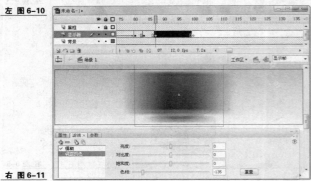

右 图 6-11
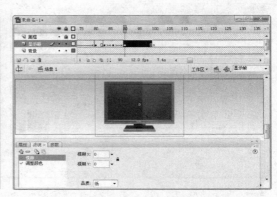

步骤 15 将第 115 帧转换为空白关键帧，执行"文件→导入→导入到舞台"命令，将本书配套光盘"\实例文件\第 6 章\课堂案例"目录下的位图文件 000 导入到舞台，然后调整好其位置、大小，并将其转换为一个影片剪辑"显示器侧"，如图 6-13 所示。

左 图 6-12

右 图 6-13
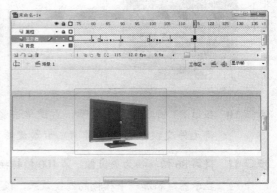

步骤 16 将第 120 帧转换为一个关键帧，将该帧中影片剪辑向左移动，然后为第 115 帧创建动画补间动画，如图 6-14 所示。

步骤 17 在"显示器"图层的下方插入一个新的图层，然后将"显示器"图层的第 120 帧复制并粘贴到新图层的第 120 帧上。

步骤 18 在新图层的第 124 帧处插入关键帧，再调整好该帧中影片剪辑"显示器侧"的大小和位置，并通过滤镜将其修改为绿色，然后为第 120 帧创建动画补间动画，如图 6-15 所示。

左 图 6-14

右 图 6-15
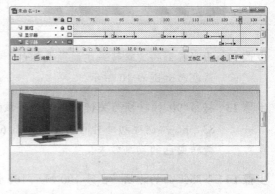

步骤 19 参照绿色显示器出现的动画，编辑出其他颜色显示器依次出现的动画，如图 6-16 所示。

步骤 20 在"黑框"图层的下方插入一个新的图层"文字",并将该图层的第 2 帧转换为空白关键帧,然后用红色的文鼎霹雳体输入"你还在使用色彩单一的显示器吗",再为其添加一个白色发光的滤镜效果,如图 6-17 所示。

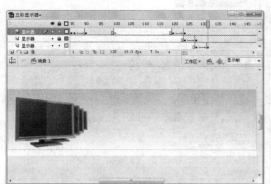

左 图 6-16

右 图 6-17

步骤 21 将第 3 帧至第 6 帧转换为关键帧,然后依次修改第 2 帧至第 5 帧中文字的比例为 500%、200%、90%、105%,这样就得到了文字快速缩小进入舞台并震动的动画效果,如图 6-18 所示。

步骤 22 参照上面的编辑方法,在第 10 帧至第 14 帧间编辑出问号出现在舞台的动画效果,如图 6-19 所示。

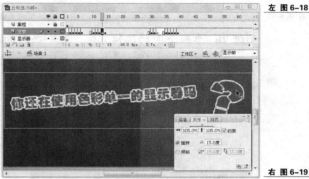

左 图 6-18

右 图 6-19

步骤 23 将第 14 帧中的问号转换为一个新的影片剪辑"问号",然后进入该元件中将第 2 帧转换为关键帧,并修改问号的颜色为白色,发光为红色,这样就得到了问号闪烁的效果,如图 6-20 所示。

步骤 24 回到主场景中,将第 30、31 帧转换为关键帧,第 32 帧转换为空白关键帧,然后分别修改第 30、31 帧中文字的大小为 200%、500%,这样就得到文字飞出舞台的效果。

步骤 25 参照上面的编辑方法编辑出文字"快来迎接多彩的新时代!"出现并闪烁再消失的动画效果,如图 6-21 所示。

步骤 26 在"文字"图层的第 133 帧插入关键帧,使用不同颜色、大小的文字输入"五彩显示器",并为其添加适当的滤镜效果,再将其转换为影片剪辑"文字 2",如图 6-22 所示。

步骤 27 将第 139 帧转换为关键帧,然后为第 133 帧中影片剪辑添加一个模糊的滤镜效果,

设置模糊 X、Y 各为 50，并修改透明度为 0，再创建动画补间动画，就得到文字由
模糊变清楚的淡入效果，如图 6-23 所示。

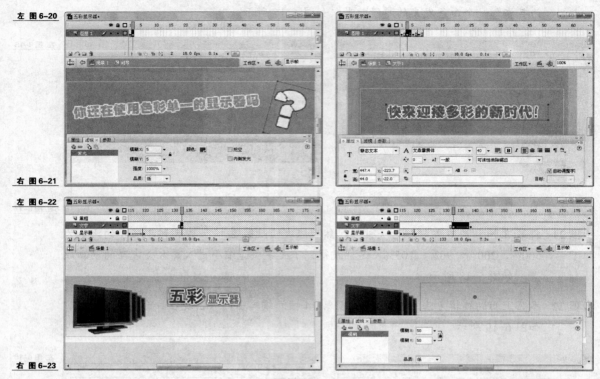

左 图 6-20

右 图 6-21

左 图 6-22

右 图 6-23

步骤 28 参照上面的编辑方法，在一个新的图层中编辑出文字"带给你精彩新视野！"向上
移动淡入的动画效果，如图 6-24 所示。

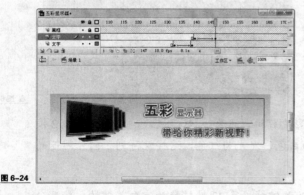

图 6-24

步骤 29 保存文件，然后按下组合键"Ctrl+Enter"测试影片。

请打开本书配套光盘"\实例文件\第 6 章\课堂案例\"目录下的"五彩显示器.fla"文件，
查看本实例的具体设置。

课堂练习——竖条广告："王牌"电脑广告的制作

通常我们在浏览网页的时候，网页的两边会有两条空白的区域。这块空间同样是可以利
用来进行广告信息宣传的，网页竖条广告就应运而生了。在广告产品的同时，填补了两边空
白的区域，起到美化网页视觉效果的作用，也正因为对称式网页竖条广告的这个特点，它也

常被称为对联广告。

本实例制作的是一个王牌电脑促销的网页竖条广告，广告中采用的假想现实和夸张的广告表现手法，表现出了人们对该产品的追捧，配合文字说明，突出了该产品的买点，从而达到促销的宣传目的。请打开本书配套光盘"\实例文件\第 6 章\课堂练习"目录下的"王牌电脑.swf"文件，欣赏本实例的完成效果，如图 6-25 所示。

图 6-25

在本实例中，动画部分的制作较为简单，重点在于使用 Action Script 动作代码与 JavaScript 命令结合编程，制作出关闭按钮。

步骤 1 启动 Flash CS3 并创建一个空白的 Flash 文档（ActionScript 2.0），然后将其保存到指定的文件夹中。

步骤 2 根据网页竖条广告制作的要求，将影片的尺寸改为宽 100 像素、高 380 像素，如图 6-26 所示。

步骤 3 将图层 1 改名为"黑框"，在绘图工作区中绘制一个只显示舞台的黑框，然后延长图层的显示帧到第 180 帧。

步骤 4 在"黑框"图层的下方插入一个新的图层，将其命名为"天空"，在该图层的绘图工作区中，绘制出一个可以覆盖舞台的矩形，将其填充色修改为"蔚蓝色（#0099FF）→白色"的线性渐变填充色，然后使用渐变变形工具对其进行调整，如图 6-27 所示。

左 图 6-26

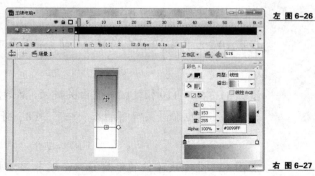

右 图 6-27

步骤 5　将"天空"图层的第 30、39、94 帧转换为关键帧，然后为它们创建形状补间动画，再选中第 39 帧中的图形并对其填充色进行调整，使其如图 6-28 所示。

步骤 6　在"天空"图层的上方插入一个新的图层"人物"，在该图层中舞台的底部绘制出一群双手举起的人，然后将其转换为一个新的影片剪辑"模糊的人群"，如图 6-29 所示。

左 图 6-28

右 图 6-29

步骤 7　进入影片剪辑"模糊的人群"的编辑窗口，延长图层的显示帧到第 19 帧，再插入一个新的图层，并在该图层中编辑出白云的图形，如图 6-30 所示。

步骤 8　选中人群的图形，按下"F8"将其转换为一个图形元件"拥挤的人群"，进入该元件的编辑窗口中，再将人群的图形转换为一个新的图形元件"人群"。然后用 19 帧的长度编辑出图形元件"人群"左右移动的动画补间动画，这样就产生了人群来回拥挤的动画效果，如图 6-31 所示。

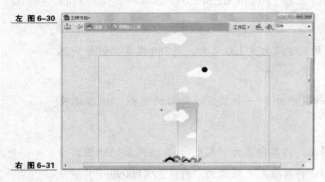

左 图 6-30

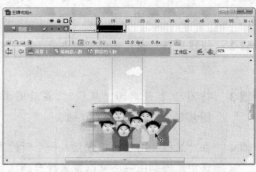

右 图 6-31

步骤 9　回到主场景中，将"人物"图层的第 30、39、94 帧转换为关键帧，为它们创建动画补间动画，然后选中第 30 帧中的影片剪辑，为其添加一个模糊的滤镜效果，修改模糊 X 为 0，模糊 Y 为 60，如图 6-32 所示。

步骤 10　选中第 39 帧中的影片剪辑，将其向下移动，使舞台中显示出云朵的图形，如图 6-33 所示。

步骤 11　在第 119 帧处插入空白关键帧，然后在该帧中编辑出一些云朵、房屋的图形和一个拿着电脑并笑呵呵的人，按下"F8"将其转换为一个图形元件"在笑的人"，如图 6-34 所示。

步骤 12　进入该元件的编辑窗口，延长显示帧到第 4 帧，再将第 2 帧转换为关键帧，修改

人物图形各组合的位置，使影片播放时，人物产生笑呵呵的动画效果，如图 6-35
所示。

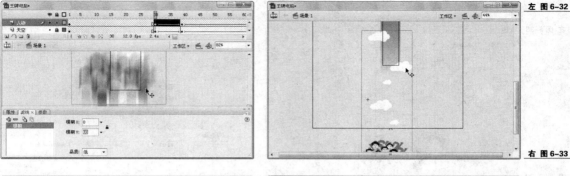

左 图 6-32

右 图 6-33

左 图 6-34

右 图 6-35

步骤 13 在主场景中插入一个新的图层"降落伞"，并将其移动到"人物"图层的上方，然
后将该图层的第 39、119 帧转换为空白关键帧。

步骤 14 在第 39 帧的绘图工作区中，绘制出一个系着电脑的降落伞，按下"F8"将其转换
为一个新的图形元件"摇动的降落伞"，然后将其移动到舞台的顶端，如图 6-36
所示。

步骤 15 进入到该元件的编辑窗口中，再将降落伞的图形转换为一个新的图形元件，并将其
命名为"降落伞"，然后用 19 帧的长度编辑出"降落伞"左右摇动的动画补间动画，
如图 6-37 所示。

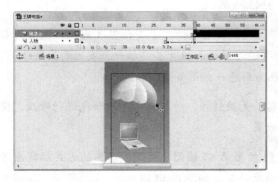

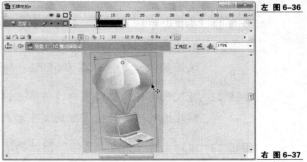

左 图 6-36

右 图 6-37

步骤 16 在"降落伞"图层的第 94、118 帧处插入关键帧，并为第 94 帧创建动画补间动
画，然后将第 118 帧中的图形元件"降落伞"移动到舞台的底部，如图 6-38
所示。

步骤 17 按下插入图层按钮，在"降落伞"图层的上方插入一个新的图层，修改图层名称为"文字"，然后在第 44 帧的绘图工作区中，使用汉鼎繁勘亭字体输入文字"王牌"，设置字号为 40，颜色为红色，如图 6-39 所示。

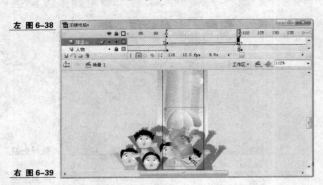

步骤 18 通过属性面板为其添加一个发光的滤镜效果，设置模糊为 10，强度为 400%，颜色为白色。再为其添加一个投影的滤镜效果，设置模糊为 5，强度为 100%，颜色为黑色，角度为 80，距离为 5，如图 6-40 所示。

步骤 19 在"王牌"文字的下方，使用 12 号的汉鼎简特粗黑字体输入"笔记本电脑"，修改颜色为黑色，并为其添加一个发光的滤镜效果，设置模糊为 3，强度为 600%，颜色为白色，如图 6-41 所示。

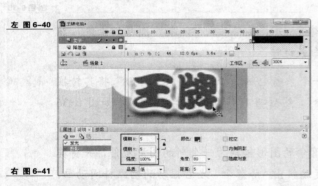

步骤 20 在"文字"图层的第 44 帧至第 50 帧间，用逐帧动画的方式编辑出文字由大至小，飞入舞台并振动的动画效果，如图 6-42 所示。

步骤 21 在舞台中输入文字"价格一降到底"，调整好它们的大小、位置及角度，然后为它们转换为一个影片剪辑"文字 A"，再通过属性面板为其添加一个发光的滤镜效果，设置模糊为 10，强度为 500%，颜色为白色，如图 6-43 所示。

步骤 22 进入该元件的编辑窗口，将第 2 帧转换为关键帧，对其中文字的颜色进行修改，使影片播放时，产生闪烁的文字动画效果。

步骤 23 回到主场景，在"文字"图层的第 52 帧至第 57 帧间，用逐帧动画的方式编辑出该元件由大至小，飞入舞台并振动的动画效果，如图 6-44 所示。

步骤 24 在"文字"图层的第 84 帧处插入关键帧，将该帧中所有的图形转换为一个新的影片剪辑"文字 B"。

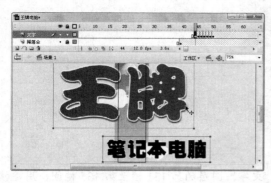

左 图 6-42

右 图 6-43

步骤 25 将第 89 帧转换为关键帧，第 90 帧转换为空白关键帧，然后在第 84、89 帧创建动画补间动画，编辑出影片剪辑"文字 A"淡出舞台的动画效果，如图 6-45所示。

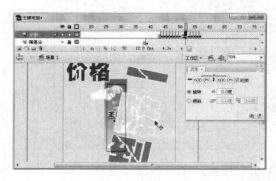

左 图 6-44

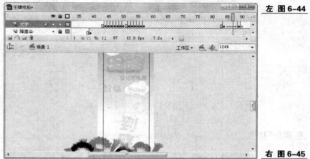

右 图 6-45

步骤 26 在"文字"图层的第 102 帧处插入一帧空白关键帧，然后在该帧中绘制出有一团灰尘，再将其转换为一个新的图形元件"灰尘"，如图 6-46 所示。

步骤 27 进入该元件的编辑窗口，将第 2 帧转换为关键帧，再修改该帧中图形的轮廓，使影片播放时，产生灰尘翻滚的动画效果，如图 6-47 所示。

左 图 6-46

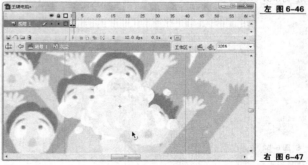

右 图 6-47

步骤 28 回到主场景中，将"文字"图层的第 119 帧转换为关键帧，然后放大该帧中的图形元件"灰尘"，使其覆盖住整个舞台，如图 6-48 所示。

步骤 29 将第 130 帧转换为关键帧，并将该帧中元件的透明度修改为 0%，然后在第 119 帧至第 130 帧间创建动画补间动画，如图 6-49 所示。

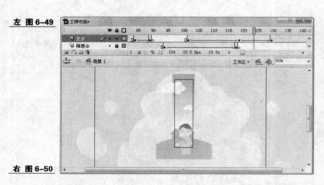

图 6-48

步骤 30 参照上面文字动画的编辑方法，在"文字"图层的第 131 帧至第 135 帧间，用逐帧
动画的方式编辑出文字"前 1000 位购买"由大至小，飞入舞台并振动的动画效果，
如图 6-50 所示。

左 图 6-49 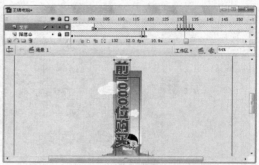 右 图 6-50

步骤 31 将第 138 帧转换为关键帧，在该帧中创建出一个新的影片剪辑"文字 C"，然
后在该元件中编辑出文字"更有精美礼品送给你"闪烁的动画效果，如图 6-51
所示。

步骤 32 返回主场景，在"文字"图层的第 138 帧至第 142 帧间，用逐帧动画的方式编辑出
该元件由大至小，飞入舞台并振动的动画效果，如图 6-52 所示。

左 图 6-51 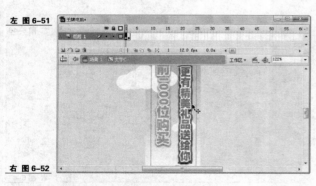 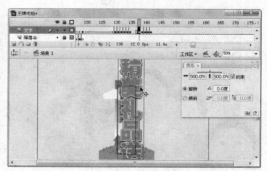 右 图 6-52

步骤 33 插入一个新的图层"按钮"，在该图层中编辑出一个覆盖住舞台的按钮元件"隐形
按钮"，然后通过动作面板为其添加如果下动作代码。

```
on (press) {
getURL("http://www.wangpaidiannao.com", "_blank");
}
//按下鼠标，在一个新的窗口中，打开指定网页
```

步骤 34 在舞台的右下角编辑出一个"关闭"按钮元件，然后为其添加如果下动作代码。

```
on (release) {
getURL("FSCommand:", "");
}
//释放鼠标，向外部传输 FSCommand 命令
```

步骤 35 保存文件，然后输出影片。

步骤 36 启动 Adobe Dreamweaver 编辑，创建一个空白的 HTML 文件，然后在代码窗口中输入如下代码。

```
<!DOCTYPE HTML PUBLIC "-//W3C//DTD HTML 4.01 Transitional//EN">
<html>
<head>
<meta http-equiv="Content-Type" content="text/html; charset=gb2312">
</head>
<body topmargin="0" marginwidth="0" >
<SCRIPT language=JavaScript event=FSCommand() for=c1141>floater.style.visibility=
'hidden';</SCRIPT>
//当来自 c1141 影片中的事件为"FSCommand()"时，c1141 隐藏，即实现关闭效果（注意，此注释内
容不用加入）
<SCRIPT language=JavaScript event=FSCommand() for=c1142>floater1.style.visibility=
'hidden';</SCRIPT>
//当来自 c1142 影片中的事件为"FSCommand()"时，c1142 隐藏
<DIV id=floater1 style="Z-INDEX: 100; VISIBILITY: visible; WIDTH: 115 像素; POSITION:
absolute; TOP: 20 像素; left: 0 像素; height: 150 像素;">
    <div align="center">
     <EMBED src='王牌电脑.swf' quality=high wmode=opaque WIDTH=100 HEIGHT=380
TYPE='application/x-shockwave-Flash' id=c1142></EMBED>
    </div>
</DIV>
//将"王牌电脑.swf"加载到网页的左边，并设置好显示大小、位置，id 为 c1142
<DIV id=floater
style="Z-INDEX: 100; RIGHT: 0 像素; VISIBILITY: visible; WIDTH: 110; POSITION:
absolute; TOP: 20; height: 150 像素;">
    <div align="center">
     <EMBED src='王牌电脑.swf' quality=high wmode=opaque WIDTH=100 HEIGHT=380
TYPE='application/x-shockwave-Flash' id=c1141></EMBED>
    </div>
</DIV>
//将"王牌电脑.swf"加载到网页的右边，并设置好显示大小、位置，id 为 c1141
</body>
</html>
//通过上面编写的 JavaScript 动作脚本，就实现了在网页中显示两个竖条广告的功能，并且可以分别获
取两个竖条广告传输出来的信息，然后做出相应的隐藏动作。
```

步骤 37 将编辑好的 HTML 文件保存到"王牌电脑.swf"文件所在的文件夹中。打开"王牌电脑.HTML"文件，测试编辑完成的效果，如图 6-53 所示。

　　请打开本书配套光盘"\实例文件\第 6 章\课堂练习"目录下的"王牌电脑.fla"和"王牌电脑.HTML"文件，查看本实例的具体设置。

图 6-53

课后实训——鼠标响应广告：网购促销广告的制作

影片项目文件	光盘\实例文件\第 6 章\课后实训\促销活动.fla
影片输出文件	光盘\实例文件\第 6 章\课后实训\促销活动.swf
视频演示文件	光盘\实例文件\第 6 章\课后实训\视频演示\促销活动.avi

  鼠标响应广告就是通过用户鼠标经过，使广告继续播放或运行其他命令。在本实例中，需要制作的是一个商品交易网进行优惠活动的广告。当用户将鼠标移动到小广告上时，广告的显示面积将放大，展示出更多的广告信息，如图 6-54 所示。

图 6-54

  在本实例的制作过程中，主要是通过在按钮元件各帧中放置不同的影片剪辑并配合遮罩图层的运用，来完成鼠标响应广告的制作。本实例的设计制作方法，主要包括以下几个方面。

  （1）在按钮元件中创建影片剪辑，利用遮罩将影片剪辑的动画内容显示在圆形中，并在闪烁的动画背景上配合诱人的广告语，吸引观众注意。

  （2）添加动作代码，制作鼠标移入后展开显示详细广告信息的动画内容，方便用户浏览了解。

  （3）通过发布设置生成透明背景的动画影片，使影片在应用到网页中时，不会影响用户浏览下层的网页内容。

图 6-55

　　这里如果不把背景设置为透明，该影片放置到网页中时，显示的不只是一个圆形，其背后的白色场景也会显示，从而遮挡住网页中的内容，这点需要特别注意。

第7章
电子相册设计应用

本章知识要点

◆ 认识电子相册

◆ 了解电子相册的种类及制作原理

◆ 掌握不同类型的电子相册的制作方法

本章学习导读

本章先介绍电子相册的基础知识，然后通过制作几款不同类型的电子相册，使读者掌握电子相册的制作方法，并起到举一反三的效果。

7.1 认识电子相册影片

　　电子相册是指可以在计算机上观赏静止图片的特殊文档，其内容不局限于摄影照片，也可以包括各种艺术创作图片和其他图片。电子相册具有传统相册无法比拟的优越性，可以包含图、文、声、像并茂的表现手法，随意修改编辑的功能，快速的检索方式，永不褪色的恒久保存特性，以及廉价复制分发的优越手段，这些优越性使得电子相册得以流行。

　　制作电子相册的傻瓜式软件很多，但局限性也相当大，只能是在其规定的范围下进行编辑。而使用 Flash 理论上可以制作出任何样式的电子相册，但前提是用户对 Flash 及动作代码的足够熟悉。使用 Flash 制作电子相册时还可以直接使用各种模板和一些相册插件，从而快速、便捷的制作出各种精彩的相册。

　　Flash 制作的电子相册根据加载图片方式的不同，可分为内部加载图片和外部加载图片两种。内部加载图片就是先将图片导入到 Flash 中，然后编辑输出影片，但这样制作的电子相册不便于后期修改。而外部加载图片，不用将图片导入 Flash 中，而是通过代码从外部调用图片，因此比较灵活，便于后期管理。

7.2 电子相册的制作

课堂案例——普通电子相册

请打开本书配套光盘"\实例文件\第 7 章\课堂案例"目录下的"相册.swf"文件，查看本实例完成的效果，如图 7-1 所示。

步骤 1 启动 Flash CS3 创建一个空白的 Flash 文档（ActionScript 2.0）并将其保存到指定的文件夹中。双击时间轴底部的帧频栏，打开"文档属性"对话框，在该对话框中修改文档的尺寸为宽 533 像素、高 400 像素，颜色为黑色，帧频为 60，如图 7-2 所示。

左 图 7-1

右 图 7-2

步骤 2 执行"文件→导入→导入到库"命令，将本书配套光盘"\实例文件\第 7 章\课堂案例"目录下的所有位图文件导入到影片的元件库中。

步骤 3 将图层 1 改名为"图片"，然后从元件库中将位图 001 拖曳到绘图工作区中，调整位置使其覆盖住舞台，如图 7-3 所示。

步骤 4 依次将其他的位图拖曳到绘图工作区中，调整好它们的位置，使之形成一个 3×3 的矩阵，如图 7-4 所示。

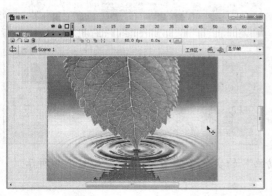

左 图 7-3

右 图 7-4

步骤 5 在每张图片上添加文字，并为它们添加适当的滤镜效果，在起到说明作用的同时，也使画面的效果更加美观，内容更加丰富，如图 7-5 所示。

步骤 6 框选中绘图工作区中所有的位图和文字，并按下"F8"将其转换为一个新的影片剪辑"图片",如图 7-6 所示。

左 图 7-5

右 图 7-6

步骤 7 按下 F9 打开动作面板,为影片剪辑"图片"添加如下动作代码。

```
_root.ydx = (_root.mbx-_x)*0.1;
_root.ydy = (_root.mby-_y)*0.1;
//定义变量的值
setProperty("", _x, Number(_root.ydx)+Number(_x));
setProperty("", _y, Number(_root.ydy)+Number(_y));
//根据变量的值修改该元件的位置
```

步骤 8 在"图片"图层的上方插入一个新的图层,将其命名为"光环",在该图层绘图工作区的左下端,使用基本椭圆工具绘制出一个透明度为 50% 的白色圆环,然后将其转换为一个影片剪辑"光晕动画",如图 7-7 所示。

步骤 9 进入该元件的编辑窗口,延长图层的显示帧到第 76 帧,再分别将第 60 帧转换为关键帧,将第 61 帧转换为空白关键帧。通过变形面板将第 60 帧中的图形放大到 400%,再将其填充色改为透明的白色,然后选中第 1 帧并创建形状补间动画,就得到圆环逐渐变大、淡出的动画效果,如图 7-8 所示。

左 图 7-7

右 图 7-8

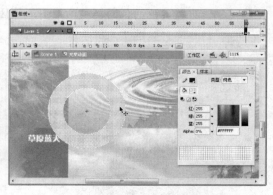

步骤 10 回到主场景中,将影片剪辑"光晕动画"的实例名改为"ring",如图 7-9 所示。

图 7-9

步骤 11 在所有图层的上面创建一个名为"按钮"的新图层，在该图层的绘图工作区中绘制出一个正圆形，使用"白色→灰色（#B3B3B3）"的放射状渐变填充方式进行填充，再使用渐变变形工具对其进行填充效果调整，使图形效果如图 7-10 所示。

步骤 12 执行"修改→转换为元件"命令，将其转换为一个按钮元件"圆形按钮 A"，进入到该元件的编辑窗口中，将指针经过帧中图形的填充色改为"白色→红色（#FF0000）"的放射状渐变填充方式进行填充，如图 7-11 所示。

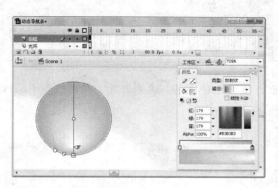
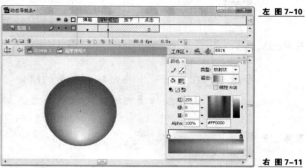

左 图 7-10

右 图 7-11

步骤 13 在图层 1 的下方创建一个新的图层，将图层 1 的第 1 帧复制并粘贴到新图层上，将该帧中的图形放大至 140%，然后修改其填充色为"黑色→透明黑色红色"的放射状渐变填充色并进行调整，使其产生阴影效果，如图 7-12 所示。

步骤 14 按下"F11"，打开元件库并选中按钮元件"圆形按钮 A"，点击鼠标右键，在弹出的命令菜单中选择"直接复制"命令，得到一个新的按钮元件"圆形按钮 B"。进入该元件的编辑窗口中，通过颜色面板修改指针经过帧中图形的填充色为"白色→橙色（#FD802D）"的放射状渐变填充方式，如图 7-13 所示。

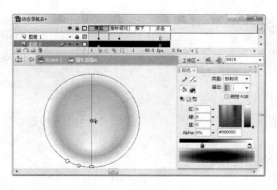
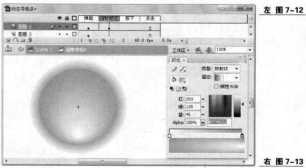

左 图 7-12

右 图 7-13

步骤 15 参照上面的制作方法，依次编辑出按钮元件"圆形按钮 C"、"圆形按钮 D"……"圆形按钮 I"，如图 7-14 所示。

步骤 16 依次将所有的按钮元件拖曳到绘图工作区中，调整好它们的大小和位置，如图 7-15 所示。

步骤 17 取消选择，按下组合键"Ctrl+G"创建一个新的组合，在该组合中绘制出各按钮上的箭头图形，如图 7-16 所示。

左 图7-14

右 图7-15

步骤 18 在主场景中再创建一个新的组合，配合使用各种绘图、填充工具，在该组合中编辑出各按钮顶部的高光效果图形，如图 7-17 所示。

左 图7-16

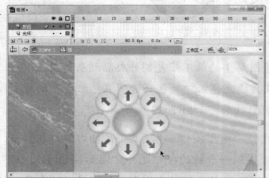

右 图7-17

步骤 19 选中"按钮"图层中的蓝色按钮，为其添加如下动作代码。

```
on (rollOver) {
//当鼠标经过时
 ringColor = new Color(ring);
 ringColor.setRGB(0xFF0000);
//定义圆环的颜色为红色
}
on (press) {
_root.mbx = 266;
_root.mby = 200;
//设置影片剪辑"图片"的坐标位置，即显示正中间的图片
}
```

步骤 20 选中红色按钮正下方的按钮元件"圆形按钮 E"，为其添加如下动作代码。

```
on (rollOver) {
 ringColor = new Color(ring);
 ringColor.setRGB(0x33CC00);
}
//当鼠标经过时，圆环的颜色为绿色
on (press) {
_root.mbx = 266;
```

```
        _root.mby = -200;
    }
    //设置影片剪辑"图片"的坐标位置
```

步骤 21 参照按钮元件"圆形按钮 E"上的动作代码，依次为其他的按钮元件添加相应的动作代码。

步骤 22 在所有图层的上方插入一个新的图层"框"，在该图层中绘制出一个只显示舞台的白框，然后将其转换为一个影片剪辑"框"，如图 7-18 所示。

步骤 23 为影片剪辑"框"添加一个模糊的滤镜效果，设置模糊 X、Y 都为 25，如图 7-19 所示。

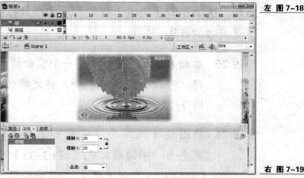

左 图 7-18

右 图 7-19

步骤 24 按下组合键"Ctrl+S"保存文件并测试影片，如图 7-20 所示。

图 7-20

请打开本书配套光盘"\实例文件\第 7 章\课堂案例\"目录下的"相册.fla"文件，查看本实例的具体设置。

课堂练习——外部直接加载相册

使用 Flash 制作的音乐电子相册，体积小巧、美观大方，而且风格独特。配合 Action Script 动作脚本的使用，不仅能实现强大的互动功能，还可以从外部库中读取文件，从而便于在网络运用中进行后台管理。请打开本书配套光盘"\实例文件\第 7 章\课堂练习\"目录下的"音乐电子相册.swf"文件，欣赏一下这个美丽的插花相册，如图 7-21 所示。

图 7-21

在这个电子相册中，可以进行 12 张照片的动态浏览，通过脚本修改，可以浏览更多的照片。这个相册还提供了背景音乐的播放控制功能，使观众在欣赏精彩照片的同时，还可以享受美妙的音乐。

步骤 25 启动 Flash CS3 并创建一个空白的 Flash 文档，然后将其保存到指定的文件夹中。执行"修改→文档"命令，将文档的尺寸改为宽 800px、高 600px，帧频为 60f/s，如图 7-22 所示。

步骤 26 将图层 1 改名为"背景"，在绘图工作区中绘制出一个矩形并将其组合，修改其填充色为"半透明红色（#FF3333）→半透明橙色（#FF761A）→透明度 20%的黄色（#FFCC33）→透明度 30%的白色"的线性渐变填充，然后调整矩形的位置、大小如图 7-23 所示。

左 图 7-22

右 图 7-23

步骤 27 回到主场景中并创建一个新的组合，在该组合中绘制一些白色的圆环，使画面更加美观，如图 7-24 所示。

步骤 28 对矩形的组合进行复制，将得到的矩形填充色改为白色，然后按下"F8"将其转换为一个影片剪辑"边框"，为其添加一个"发光"的滤镜效果，设置模糊为 20，强度为 60%，品质为中，颜色为橙色，并勾选"挖空"选项，如图 7-25 所示。

步骤 29 调整影片剪辑"边框"到适当的位置，使其与原来的矩形重合，如图 7-26 所示。

步骤 30 执行"插入→新建元件"命令，创建一个新的影片剪辑"底板"，在该元件的编辑窗口中绘制一个宽 667px、高 372px 的白色矩形。然后回到主场景中，将影片剪辑

"底板"放置到舞台的中间。

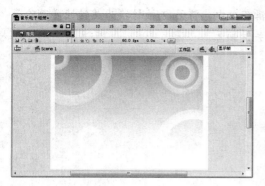

左 图 7-24

右 图 7-25

步骤 31　通过属性面板修改其 Alpha 值为 50%，再为其添加一个"发光"的滤镜效果，设置模糊为 30，强度为 150%，颜色为深灰色，如图 7-27 所示。

左 图 7-26

右 图 7-27

步骤 32　在舞台中绘制出一些起装饰作用的文字和图案，使背景内容更加丰富，如图 7-28 所示。

步骤 33　创建一个名为"控制栏"的新图层，在该图层中编辑出影片中用于安排控制按钮的图形，如图 7-29 所示。

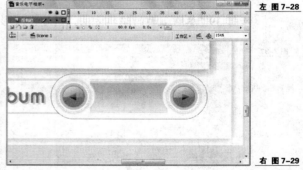

左 图 7-28

右 图 7-29

步骤 34　选中左边的小三角形，将其转换为一个按钮元件"上一张"，修改其实例名为"back"。进入该元件的编辑窗口，将"指针经过"帧转换为关键帧，修改其中图形的填充色为白色，如图 7-30 所示。

步骤 35　参照按钮元件"上一张"的编辑方法，将右边的小三角形转换为一个新的按钮元件"下一张"，修改其实例名为"next"。

步骤 36　在控制栏图形的中间绘制一个宽 10px、高 66px 的矩形，使用"白色→白色透明"

的线性渐变填充对其进行填充，然后将其转换为一个新的影片剪辑 "波形图"，修改实例名为 "wave"。进入该元件的编辑窗口中，将第 2 帧转换为关键帧并删除第 1 帧中的所有图形，使其成为一帧空白关键帧。

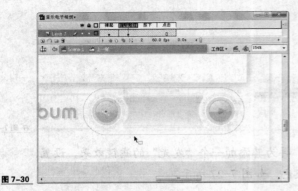

图 7-30

步骤 37 分别将第 15 帧、第 30 帧转换为关键帧，删除掉第 15 帧矩形的大部分，使其变为宽 10px、高 3px 的矩形，然后为该图层创建形状补间动画，就得到矩形一伸一缩的动画效果，如图 7-31 所示。

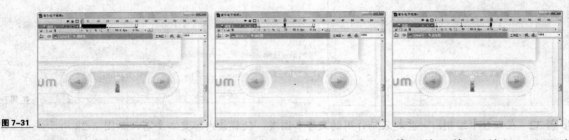

图 7-31

步骤 38 复制第 2 帧至第 30 帧，将其粘贴到一个新图层的第 7 帧至第 36 帧间，然后移动新图层中各矩形的位置，就得到了第 2 个矩形一伸一缩的动画效果，如图 7-32 所示。

步骤 39 参照上面的编辑方法，创建出波形图中其他矩形一伸一缩的动画，如图 7-33 所示。

左 图 7-32

右 图 7-33

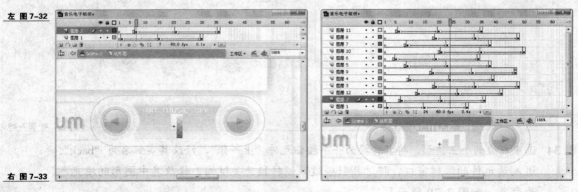

步骤 40 选中第 1 帧为其添加如下动作脚本。

```
stop();
//该元件停止播放
```

步骤 41 选中第 47 帧为其添加如下动作脚本。

```
gotoAndPlay(5);
//该元件转到第 5 帧并播放
```

步骤 42 回到主场景中，在控制栏图形的中间创建一个动态文本，修改其变量为"name"。
通过属性面板为其添加一个"投影"的滤镜效果，设置模糊为 0，强度为 600%，
颜色为白色，距离为 2，如图 7-34 所示。

步骤 43 在所有图层的上方插入一个名为"背景音乐"的图层，在该图层中对照下放的控制栏创
建静态文本"on music off"，设置字体为 digifacewide，修改其填充色为白色，再按下组
合键"Ctrl+B"快捷键将其分离，调整到如图 7-34 所示的大小和位置，如图 7-35 所示。

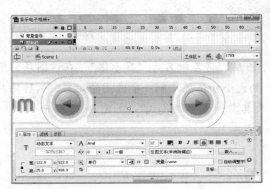

左 图 7-34

右 图 7-35

步骤 44 选中"on"的图形，将其转换为一个按钮元件"音乐开始"，进入该元件的编辑窗口中，
分别在"指针经过"帧、"单击"帧处插入关键帧，再将"指针经过"帧中图形的颜色
改为橙色，在"单击"帧中绘制一个覆盖住"on"的矩形，如图 7-36 所示。

图 7-36

步骤 45 回到主场景中，为该按钮元件添加如下动作脚本。

```
on(press){
//按下鼠标
myMusic=new Sound();
//建立一个新的声音对象 Music
myMusic.stop();
//声音停止
myMusic.loadSound("bgmusic.mp3",false);
//加载外部的"bgmusic.mp3"声音文件到 Music 对象中，参数为 false 时，是以装载完后播放
_root.wave.gotoAndPlay(6);
//影片剪辑"波形图"转到第 6 帧并播放
```

```
myMusic.start(0,100);
//声音开始播放
}
```

步骤 46 参照按钮元件"音乐开始"的编辑方法,将"off"图形转换为一个新的按钮元件"音乐停止"并对其进行编辑,为其添加如下动作脚本。

```
on(release){
//按下后释放鼠标
myMusic.stop();
//声音停止播放
_root.wave.gotoAndStop(1)
//影片剪辑"波形图"转到第1帧并停止
}
```

步骤 47 在"背景音乐"图层的上方新建一个图层,将其命名为"显示区"。在该图层的绘图工作区中,对照影片剪辑"底板"的大小和位置绘制一个透明的矩形,然后将其转化为一个影片剪辑"显示区",修改其实例名为"mask",如图 7-37 所示。

图 7-37

步骤 48 在所有图层的顶部插入一个名为"动作"的新图层,选中该图层的第 1 帧,为其添加如下动作脚本。

```
_root.createEmptyMovieClip("slide", 1);
//创建一个名为"slide"的空影片剪辑
_root.next.onRelease = function() {
//当按下实例名为"next"的按钮,即"下一张"按钮
a = 1;
//变量a的值等于1
i=1;
//变量i的值等于1
i++;
//变量i值递增
num++;
//变量num值递增
if (num>=13) {
    num = 1;
}
//如果当变量num的值大于13时,变量num变为1,这里的13是文件夹中图片的数量加1
_root.slide.createEmptyMovieClip("CM"+i, i);
//根据影片剪辑"slide"创建新的影片剪辑,深度为i
```

```
_root.slide["CM"+i].loadMovie("photos/photo0"+num+".jpg");
```
//在新的影片剪辑中加载指定文件夹里的图片文件
```
_root.slide["CM"+i]._alpha = 0;
```
//设置新影片剪辑为透明
```
_root.slide["CM"+i]._x = -300;
```
//设置新影片剪辑的 x 轴坐标为-300
```
_root.slide["CM"+i]._y = 90;
```
//设置新影片剪辑的 y 轴坐标为 90
```
_root.name = "photos/photo0"+num+".jpg";
```
//定义变量 name 的内容,即动态文本框中的显示内容
```
_root.onEnterFrame = function() {
```
//以帧频加载
```
    a++;
```
//变量 a 值递加
```
    _root.slide.setMask(mask);
```
//实例名为"mask"的影片剪辑对新影片剪辑"slide"产生遮罩效果,即影片剪辑"显示区"范围内新影片剪辑"slide"的内容可见
```
    _root.slide["CM"+i]._alpha += 5;
```
//新影片剪辑的透明度递加 5,这样图片就产生了淡入效果
```
    _root.slide["CM"+i]._x += (85-_root.slide["CM"+i]._x)/5;
```
//定义新影片剪辑的位置,其中 85 为新影片剪辑的目的坐标值,当其等于 85 时就不会在移动了
```
    _root.slide["CM"+(i-1)]._x += a*3;
```
//定义上一个新影片剪辑的位置
```
    _root.slide["CM"+(i-2)].removeMovieClip();
```
//移出上两个新影片剪辑
```
};
};
_root.back.onRelease = function() {
a = 1;
i=1;
i++;
num--;
if (num<=0) {
    num = 12;
}
_root.slide.createEmptyMovieClip("CM"+i, i);
_root.slide["CM"+i].loadMovie("photos/photo0"+num+".jpg");
_root.slide["CM"+i]._alpha = 0;
_root.slide["CM"+i]._x = 300;
_root.slide["CM"+i]._y = 90;
_root.name = "photos/photo0"+num+".jpg";
_root.onEnterFrame = function() {
    a++;
    _root.slide.setMask(mask);
    _root.slide["CM"+i]._alpha +=3;
    _root.slide["CM"+i]._x += (85-_root.slide["CM"+i]._x)/5;
    _root.slide["CM"+(i-1)]._x -= a*3;
    _root.slide["CM"+(i-2)].removeMovieClip();
};
};
```

步骤 49 保存文件,测试影片,如图 7-38 所示。

图 7-38

请打开本书配套光盘"\实例文件\第 7 章\课堂练习"目录下的"音乐电子相册.fla"文件,查看本实例的具体设置。

课后实训——XML 相册

影片项目文件	光盘\实例文件\第 7 章\课后实训\ XML 相册.fla
影片输出文件	光盘\实例文件\第 7 章\课后实训\ XML 相册.swf
视频演示文件	光盘\实例文件\第 7 章\课后实训\视频演示\ XML 相册.avi

XML(Extensible Markup Language)即可扩展标记语言,它与 HTML 一样,都是 SGML(Standard Generalized Markup Language 标准通用标记语言)。Xml 是 Internet 环境中一种跨平台的技术,是当前处理结构化文档信息的有力工具。XML 作为一种简单的数据存储语言,可以使用一系列简单的标记来描述数据,而这些标记可以用便捷的方式建立,因此 XML 的用此日益广泛。

图 7-39

本实例主要是通过影片根据 XML 的数据加载图片,从而实现电子相册功能,其制作步骤主要包括以下几个方面。

(1)在 Flash 中编辑完成相册的背景。

(2)添加动作代码。

（3）编写 XML 文件。

图 7-40

这里介绍的 XML 相册与课堂练习中介绍的外部直接加载相册有很多相同之处，都是通过加载外部图片来实现相册效果，不同的是 XML 相册是 Flash 文件先加载 XML 文件，然后根据 XML 文件中的数据再加载相应的图片，尽管在制作上相对复杂了些，但在后期管理中，只需要往文件夹中添加图片，并在 XML 文件中添加相应的数据就可以完成新添图片，而不需要再经过 Flash 生成新的影片。

第8章

影音播放器的制作

本章知识要点

◆ 了解 Flash 制作的影音播放器种类及应用的领域

◆ 学习各种 Flash 影音播放器的设计

◆ 掌握一些基本的 Flash 影音播放器的制作方法

本章学习导读

　　本章先介绍了 Flash 影音播放器的种类及支持的媒体文件类型，然后对一些主流网站使用的 Flash 影音播放器进行了分析、比较以帮助读者进一步了解 Flash 影音播放器，然后通过制作几种不同类型的影音播放器，使读者掌握 Flash 影音播放器制作的一些基本技巧。

8.1 影音播放器的设计

　　Flash 影音播放器主要包括音乐播放器和视频播放器两种，其中声音文件主要是 MP3 格式，视频文件有 AVI、FLV 等格式，而各种格式的媒体文件 Flash 可以采用将其导入或直接外部调用两种方式来加载。对于一些小的、固定的程序，可以使用直接导入的方法，而目前流行的播放器一般都是采用外部调用文件的方法，这样也便于后期的管理。

　　从 Flash MX 2004 时期开始，Flash 就拥有了特有的视频播放文件格式 "FLV"，FLV 是 Flash VIDEO 的简称，其作为一种新兴的网络视频格式，拥有文件占有率低、视频质量良好、体积小等特点，适合目前网络发展的需要，因此，在各大视频网站中，"FLV"格式视频播放文件成为他们的首选，这样 FLV 播放器，也成为了各大视频网站的主要播放器。

　　在设计影音播放器时，主要是根据其网站的主题风格制作播放器的皮肤，以使其与网站风格一致，然后采用动态调用的方式对媒体文件进行加载并播放。在制作播放器时，可以使用 Flash 为用户提供的组件，也可以选择第三方提供的各种媒体播放器插件，当上面这些都不能满足用户的需要时，还可以自己设计、制作全新的媒体播放器。下面就通过几款影音播放器的制作，使读者掌握一些影音播放器制作的基本技巧。

8.2 影音播放器的制作

课堂案例——网页中的 MP3 播放器

本实例主要是制作一个可输入歌曲地址的播放器，通过在文本框中输入歌曲地址来播放想听的歌曲，通常用于制作网络播放器，如图 8-1 所示。

步骤 1 新建一个 ActionScript 2.0 的 Flash 文档，修改文档属性的尺寸为 376 像素×241 像素，如图 8-2 所示。

左 图 8-1

右 图 8-2

步骤 2 新建一个名为"play"的按钮元件，在编辑窗口中添加图像和文本内容，如图 8-3 所示。

步骤 3 新建一个名为"stop"的按钮元件，在编辑窗口中添加图像和文本内容，如图 8-4 所示。

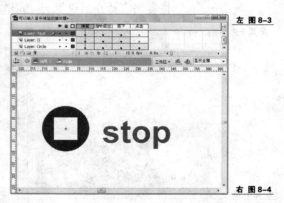

左 图 8-3

右 图 8-4

步骤 4 新建一个名为"fader knob shadow"的影片剪辑，在编辑窗口中绘制一个黑色的圆，如图 8-5 所示。

步骤 5 新建一个名为"fader knob button"的按钮元件，在"弹起"帧添加图形和"fader knob shadow"影片剪辑，如图 8-6 所示。

步骤 6 新建一个名为"fader knob"的影片剪辑，将"fader knob button"按钮拖放到影片剪辑的窗口中，如图 8-7 所示。

左 图 8-5

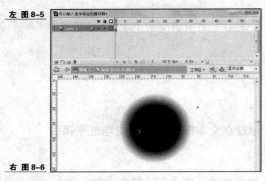

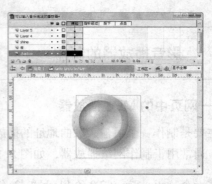

右 图 8-6

步骤 7 回到主场景，执行"文件→导入→导入到舞台"命令，导入一张背景图像，如图 8-8 所示。

左 图 8-7

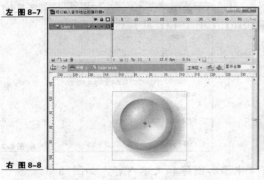

右 图 8-8

步骤 8 新建一层，使用"动态文本工具"绘制一个动态文本框，并在其中添加说明内容，如图 8-9 所示。

步骤 9 将"play"、"stop"按钮元件和"fader knob"影片剪辑拖放到舞台，排列好位置后，将实例名称分别设置为"pla"、"sto"和"volume_mc"，如图 8-10 所示。

左 图 8-9

右 图 8-10

步骤 10 新建一个图层，选中图层的第一帧，在"动作"面板中输入以下代码。

```
pla.onRelease = function()
{
my_music(music)
};
sto.onRelease = function()
{
 classical.stop();
};
```

```
var classical:Sound = new Sound();
//使用构造函数 new Sound 创建一个 Sound 对象
function my_music(rul) {
 classical.loadSound(rul, true);
 //加载声音文件到声音对象"classical"中
}
//下面代码控制音量
volume_mc.top = volume_mc._y;
volume_mc.bottom = volume_mc._y;
volume_mc.left = volume_mc._x;
volume_mc.right = volume_mc._x+100;
volume_mc._x+=100;
//设置音量滑块的初始位置和滑动方向
volume_mc.handle_btn.onPress = function () {
  startDrag(this._parent, false, this._parent.left, this._parent.top,
  this._parent.right, this._parent.bottom);
};
volume_mc.handle_btn.onRelease = function () {
    stopDrag();
    var level:Number = Math.ceil(this._parent._x - this._parent.left);
 //设置变量 "level"，并将音量滑块位置的值赋值给变量 "level"
    classical.setVolume(level);
 //关联声音对象 "classical" 和变量 "level"，达到控制音量的目的。
};
```

步骤 11 保存文档，按下组合键 "Ctrl + Enter" 键预览动画效果，如图 8-11 所示。

图 8-11

请打开本书配套光盘 "\第 8 章\课堂案例\" 目录下的 "可以输入音乐地址的播放器.fla" 文件，查看本实例的具体设置。

课堂练习——使用视频组件创建播放器

MediaPlayback 组件是一个支持外部加载视频文件或影片文件的多用途媒体播放器，使用 Flash 本身自带的 MediaPlayback 组件可以帮助用户快速地完成视频播放器的制作，此外，用户还可以使用动作代码完成一些新功能的编辑，控制影片的播放等。

步骤 12 执行 "开始→所有程序→Adobe Design Premium CS3→Adobe Flash CS3 Video Encoder" 命令，打开 Flash CS3 自带的 FLV 视频转换工具 "Flash Video Encoder"，如图 8-13 所示。

步骤 13 点击 Flash Video Encoder 编辑窗口右上角的 "增加" 按钮 增加(A)... ，将本书配套光

盘 "\第 8 章\课堂练习\" 目录下的视频文件添加到等待列表中,如图 8-14 所示。

左 图 8-12

右 图 8-13

图 8-14

步骤 14 在等待列表中选定该项目,点击"设置"按钮 设置... ,打开"Flash 视频编码设置"对话框,如图 8-15 所示。

图 8-15

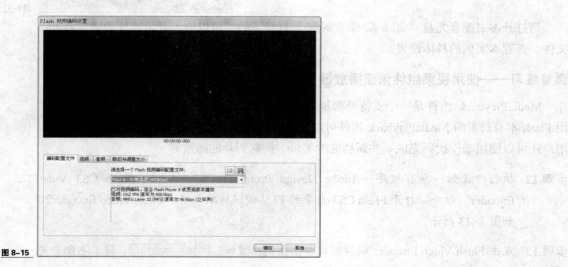

步骤 15 点击"裁剪与调整大小"标签，切换到"裁剪与调整大小"面板，勾选"调整视频大小"选项，修改视频文件的尺寸为宽 450 像素、高 300 像素，然后按下"确定"按钮 确定 ，如图 8-16 所示。

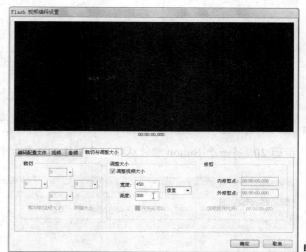

图 8-16

步骤 16 在 Flash Video Encoder 编辑窗口中点击"开始队列"按钮 开始队列(I) ，对视频文件格式进行转换，这样就得到了两个 FLV 格式的视频文件，如图 8-17 所示。

步骤 17 新建一个 ActionScript 2.0 的 Flash 文档，修改文档属性的尺寸为 450 像素 × 360 像素，如图 8-18 所示。

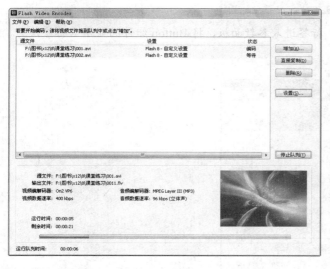

左 图 8-17

右 图 8-18

步骤 18 执行"窗口→组件"命令或按下组合键"Ctrl+F7"，打开 Flash CS3 的组件面板，将一个 MediaPlayback 组件拖入舞台中，调整好其大小和位置，如图 8-19 所示。

步骤 19 按下组合键"Alt+F7"，打开组件检查器面板，然后点选"FLV"项，并在"URL"栏中输入要加载影片的地址"001.flv"，如图 8-20 所示。

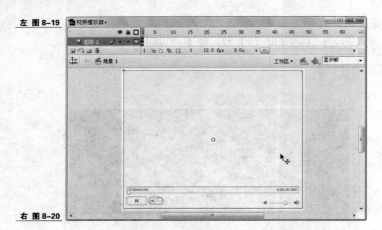

左 图 8-19

右 图 8-20

步骤 20 将一个 Button 组件从组件库中拖入到舞台中，调整好其位置和大小，如图 8-21 所示。

图 8-21

步骤 21 点击属性面板的"参数"标签进入参数面板，将 Button 组件的显示名称修改为"影片 A"，如图 8-22 所示。

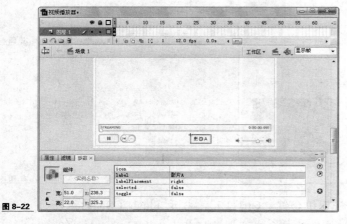

图 8-22

步骤 22 按下 F9 打开动作面板，为 Button 组件添加如下动作代码。

```
on (click) {
_root.media.contentPath = "001.flv";
}
//按下按钮，播放器加载"001.flv"文件
```

步骤 23 参照上面的方法，编辑出"影片 B"按钮，如图 8-23 所示。

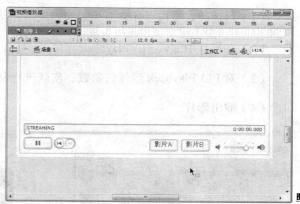

图 8-23

步骤 24 保存文档，按下组合键"Ctrl + Enter"预览动画效果，如图 8-24 所示。

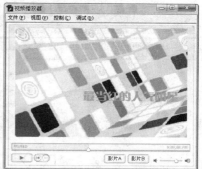

图 8-24

请打开本书配套光盘"\第 8 章\课堂练习\"目录下的"视频播放器.fla"文件，查看本实例的具体设置。

课后实训——FLV 播放器

影片项目文件	光盘\实例文件\第 8 章\课后实训\ FLV 播放器.fla
影片输出文件	光盘\实例文件\第 8 章\课后实训\ FLV 播放器.swf
视频演示文件	光盘\实例文件\第 8 章\课后实训\视频演示\ FLV 播放器.avi

本实例是使用 FLVPlayback 组件制作一个不锈钢的视频播放器，与 MediaPlayback 组件相比，FLVPlayback 组件取消了对声音文件的支持，并且用户可以根据需要对其皮肤进行更换，是一个强大的 FLV 视频播放器组件，使用该组件能编辑出更精彩的播放器，其在参数的设置方面也更加便捷，扩展性也更加强大，效果如图 8-25 所示。

图 8-25

制作这款不锈钢 FLV 播放器的步骤主要包括下面几点。

（1）将播放器模板文件修改为不锈钢风格并保存。

（2）在影片中加入 FLVPlayback 组件。

（3）对 FLVPlayback 组件的参数、皮肤进行调整。

（4）输出影片。

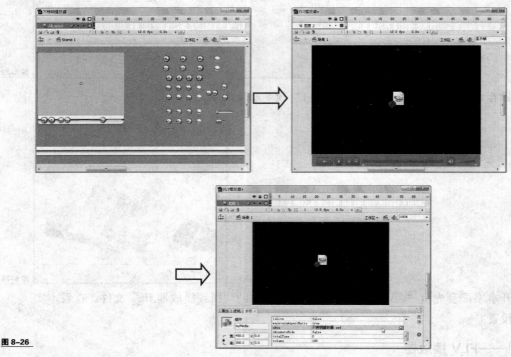

图 8-26

请打开本书配套光盘 "\第 8 章\课后实训\" 目录下的 "不锈钢播放器.fla、FLV 播放器.fla" 文件，查看本实例的具体设置。

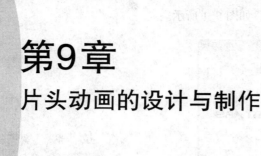

第9章
片头动画的设计与制作

本章知识要点

◈ 了解片头动画的作用

◈ 认识片头动画的种类

◈ 学习片头动画设计的技巧，掌握其制作的方法

本章学习导读

本章先介绍了什么是片头动画，然后针对不同种类的片头动画的设计、制作方法进行讲解，使读者了解片头动画设计的一些基本要素，掌握部分片头动画制作的方法。

9.1 片头动画的设计方法

片头原是指放在电影片头字幕前的一场戏，旨在引导观众对以后故事的兴趣。通过一定的叙述或剪接精彩片段，以故事大致情节为主，穿插自身特色所在的手法，以吸引观众。随着电影、电视、网络的发展，片头的种类越来越多，所涉及的方面也越发的广泛。除了最初的电影片头外，现今还有广告片头、电视栏目包装片头、电视节目宣传片头、网站动画片头等。

可以制作片头动画的软件很多，Flash 就是其中一种。Flash 具有生成影片小巧的特点，使用 Flash 制作的片头大多应用于网络，在一些中、小型专题网站中，为了快速突现其主题，引人入胜，往往都会制作一段精彩的网站片头动画，在让观众快速了解其主题内容的同时，使其产生较深刻的印象，从而达到宣传、推广的目的。

9.2 片头动画的制作

课堂案例——网站片头：七星电子商务

本实例是为七星电子商务公司制作的一个网站片头。影片制作中的一个重点，就是利用 Flash 的一个周边软件 Swift 3D 制作三维 logo 标志，其不停旋转的动画也是在 Swift 3D 中直接编辑完成的。打开本书配套光盘"\实例文件\第 9 章\课堂案例"目录下的 seven-stars.swf

文件，可欣赏本实例的完成效果，如图 9-1 所示。

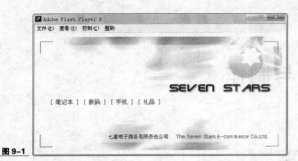

图 9-1

Flash 是一个专业二维矢量图形动画编辑软件，不能进行三维图形内容的创建。Swift 3D 作为 Flash 的周边软件，就是为进行矢量三维动画内容编辑而开发的一款专业软件。本实例的前期准备工作相当重要。首先在 3ds Max 中制作好 logo 的模型并以 3DS 格式导出，然后在 Swift 3D 中导入 logo 的 3DS 模型文件并完成动画的编辑，再导出为 SWF 格式的 Flash 动画影片，以方便在 Flash 中导入使用（请先从该软件的官方网站 http://www.erain.com 下载试用版或购买正版，并以正确方式完成安装），利用 SWiSHmax 编辑影片开头的文字动画，最后在 Flash 中完成各种素材的整合和影片动画的编辑。本实例的制作过程主要包括如下操作环节。

◆ 配合利用 3ds Max 和 Swift 3D，编辑公司 logo 的矢量三维动画并以 SWF 格式输出。

◆ 在 SWiSHmax 中编辑影片开头的文字特效。

◆ 用准备的模糊图片，编辑出 logo 飞快闪过的动画，引出影片开头。

◆ 为 3D logo 编辑由远到近再到远的动画，在画面中显示公司标志。

◆ 通过行为面板，为导航按钮添加打开对应网页链接的控制功能。

◆ 了解公司网站片头的制作方法。

◆ 用 Flash 三维制作软件制作矢量三维动画。

◆ 通过行为面板制作导航按钮。

步骤 1 启动 Swift 3D，执行 "文件→新建自 3DS" 命令，本书配套光盘 "\实例文件\第 9 章\课堂案例\" 目录下的模型文件 logo.3ds 导入到 Swift 3D 中

步骤 2 激活 "旋转选择" 窗口，用鼠标按住并拖动该窗口中的模型，将模型的显示角度调整到如图 9-2 所示状态。

步骤 3 在 "材质和颜色" 窗口中单击 "显示材质" 按钮并展开 "有光泽" 标签，选择如图 9-3 所示的材质效果并拖曳到模型。

步骤 4 在 "选择/移动光源" 窗口中按下 "创建轨迹球点光源" 按钮，添加一个轨迹球点光源，用鼠标点选该点光源并拖动，将其调整到如图 9-4 所示的位置。

步骤 5 在属性窗口中双击颜色预览框，在 "颜色" 对话框打开后，为新的光源设置颜色为 "浅灰色"，如图 9-5 所示。

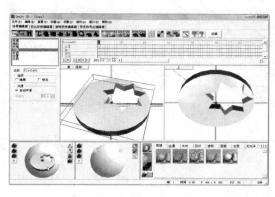

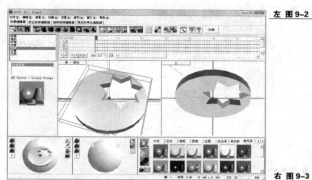

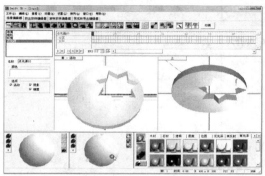

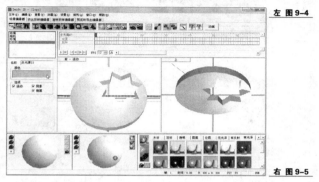

步骤 6 单击右下角窗口中的"显示动画"按钮，选择如图 9-6 所示的适合动画效果并拖曳到模型上，为其创建旋转动画。

步骤 7 单击"预览和导出编辑器"标签，在"常规"选项的"目标文件类型"下拉列表中选择"Flash 播放器（SWF）"，然后取消对"合并边缘和填充"复选框的勾选，如图 9-7 所示。

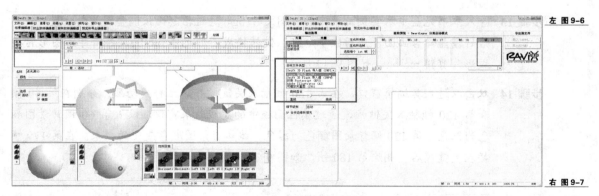

步骤 8 在"输出选项"栏中点选"填充选项"，从"填充类型"下拉列表中选择"网格渐变阴影"，如图 9-8 所示。

步骤 9 选择"边缘选项"，勾选"包含边缘"复选框，在"边缘类型"下拉列表中选择"轮廓"，设置边缘角度为 80°，颜色为白色，如图 9-9 所示。

步骤 10 完成导出设置后，在"渲染预览"栏中单击"生成所有帧"按钮，进行预览渲染，如图 9-10 所示。

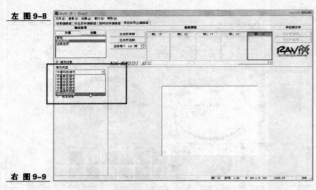
左 图9-8

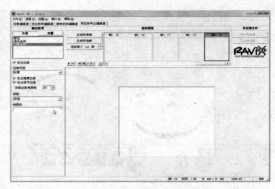
右 图9-9

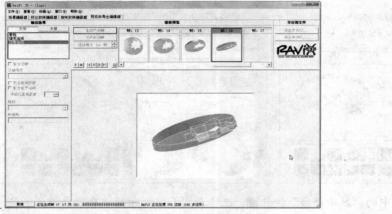
图9-10

步骤 11 在右上角的"导出到文件"栏中单击"导出所有帧"按钮,将文件以"logo"命名,输出为 SWF 格式动画。

步骤 12 启动 Flash,新建一个文件,设置影片舞台尺寸为 600px × 300px,帧频为 24 f/s,如图 9-11 所示,将文件保存到电脑中指定的目录中。

步骤 13 导入本书光盘中本实例目录下的位图文件 bg,通过信息面板调整图片的位置,使其恰好覆盖舞台画面,然后按下"F8"键转换成图形元件 pic-bg,再将背景图形转换成影片剪辑 mc-bg,如图 9-12 所示。

步骤 14 双击以进入其编辑窗口,在第 180 帧插入关键帧并建立补间动画。分别在第 60 帧和第 120 帧插入关键帧,通过属性面板中的高级效果窗口,设置第 60 帧背景图颜色为红色,第 120 帧背景图颜色为绿色,编辑背景图颜色变化的效果。在第 179 帧插入关键帧后,删除第 180 帧,如图 9-13、图 9-14 所示。

左 图9-11

右 图9-12

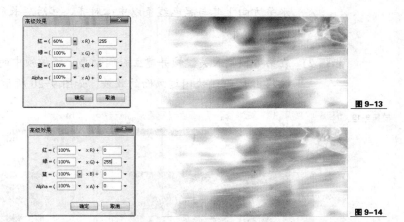

图 9-13

图 9-14

步骤 15 将该图层以 bg 命名并新建一个图层 board，使用矩形工具绘制一个橙色（#FF6600）的无边框矩形，利用信息面板调整其大小和位置，使其恰好遮住背景图，如图 9-15 所示。

步骤 16 对该矩形进行组合并转换成图形元件 board。

步骤 17 新建一个图层 line，使用线条工具，在舞台中央绘制一条长度为 600 px，粗细为 1 的黑色实线，将其放置于画面的中央，如图 9-16 所示。

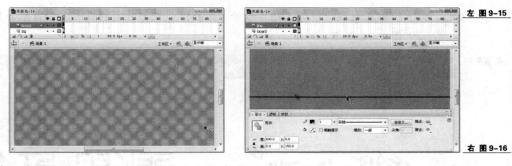

左 图 9-15

右 图 9-16

步骤 18 新建一个影片剪辑 mc-logo，导入本书光盘中本小节目录下的影片 logo.swf，即在 Swift 3D 中编辑好的三维 logo 动画，如图 9-17 所示。

步骤 19 新建一个图层 blur logo，将影片剪辑 mc-logo 拖入该图层中，并为其添加模糊的滤镜效果，设置模糊 X 为 20，模糊 Y 为 0，如图 9-18 所示。

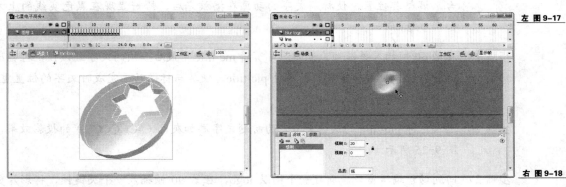

左 图 9-17

右 图 9-18

步骤 20 选中影片剪辑 mc-logo 按下 "F8" 将其转换为图形元件 blur logo，调整其位置，使在水平方向上其与黑色线条以中心对齐，然后延长所有图层的显示帧到 210 帧，如图 9-19 所示。

步骤 21 在第 6 帧插入关键帧并建立补间动画，将该帧中的模糊 logo 水平移动到舞台右方，编辑出 logo 飞快闪过画面的效果，如图 9-20 所示。

左 图 9-19

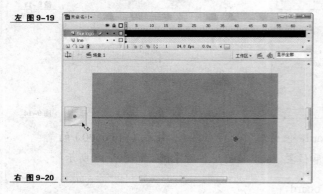
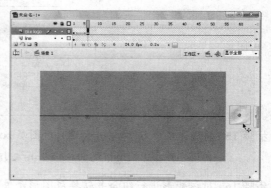

右 图 9-20

步骤 22 按下组合键"Ctrl+F8"新建一个影片剪辑 mc-title，从本书光盘本小节目录中导入影片 text 1.swf，如图 9-21 所示。该影片是用 SWiSHmax 制作完成的文字特效动画。

步骤 23 观察时间轴可以发现，导入影片的前 20 帧是空白的，所以需要先将这 20 帧删除。然后在最后一帧加上动作命令"stop();"，使影片剪辑在放入场景后不循环播放，如图 9-22 所示。

左 图 9-21

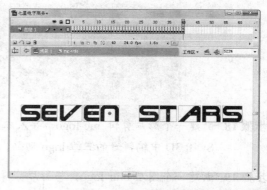

右 图 9-22

步骤 24 新建一个图层 title，在第 21 帧插入关键帧，将文字特效的影片剪辑从库中拖入舞台。调整其位置，使标题文字的动画在播放完后，恰好显现在黑色实线的上方，如图 9-23 所示。

步骤 25 在第 60 帧插入关键帧。复制影片剪辑 mc-title 中最后一帧的文字到该帧，对其进行分离并组合，再转换成图形元件 pic-title，使其与标题动画完成时文字的位置重合，如图 9-24 所示。

步骤 26 进入元件 pic-title 的编辑窗口，为标题文字添加灰色（#CCCCCC）的投影效果，如图 9-25 所示。

步骤 27 回到场景编辑窗口，新建一个图层 logo，在第 90 帧插入一个关键帧，将影片剪辑 mc-logo 拖入舞台，调整好其位置和大小，如图 9-26 所示。

步骤 28 在第 155 帧插入关键帧并将 logo 移动到舞台左方并放大，然后创建动画补间动画，如图 9-27 所示。

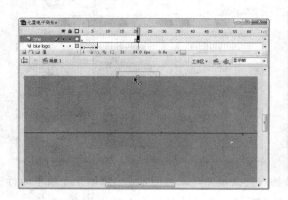

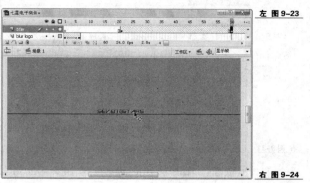

左 图 9-23

右 图 9-24

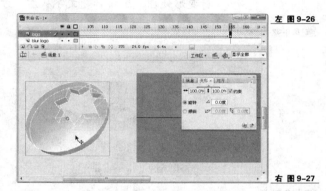

图 9-25

左 图 9-26

右 图 9-27

步骤 29 为该动画添加引导层，绘制一条曲线，作为 logo 的运动路径，如图 9-28 所示。

步骤 30 在图层 logo 的第 120 帧插入关键帧，将 logo 尺寸比例放大到 300%，模拟 logo 由远及近再到远的运动效果，如图 9-29 所示。

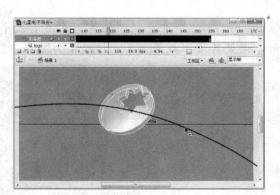

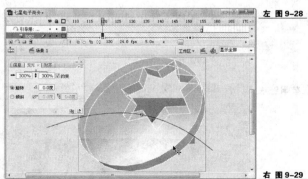

左 图 9-28

右 图 9-29

步骤 31 在图层 board 第 130 和第 155 帧插入关键帧并建立补间动画，设置第 155 帧中图形元件 board 的透明度为 0，使位图背景的影片剪辑可以显示出来，如图 9-30 所示。

步骤 32 在图层 line 的第 130 帧和第 155 帧插入关键帧并建立形状补间动画，设置第 155 帧中线条的透明度为 0，编辑线条的淡出动画，如图 9-31 所示。

左 图9-30

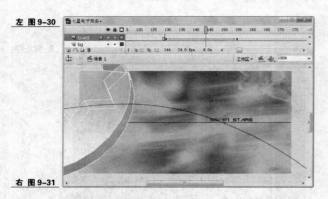

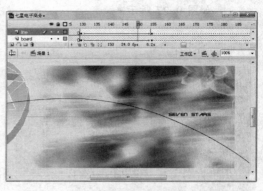

右 图9-31

步骤 33 在图层 title 的第 130 帧和第 155 帧插入关键帧并建立补间动画，将第 155 帧中的标题水平移动到舞台右边，然后设置第 130 帧的动画缓动值为 40，如图 9-32 所示。

步骤 34 在该层第 165 和第 175 帧插入关键帧并建立补间动画，使用任意变形工具对标题进行变形处理，编辑标题文字从右下方向左上方变大的动画，如图 9-33 所示。

左 图9-32

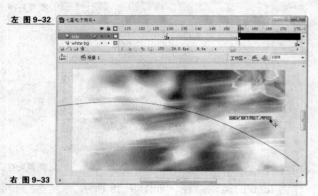

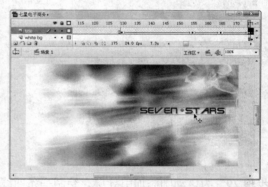

右 图9-33

步骤 35 在图层 logo 的第 175 和第 190 帧插入关键帧并建立补间动画，将第 190 帧中 logo 的尺寸比例缩小到 30%，移动到标题文字上方，通过属性面板设置第 175 帧到第 190 帧之间的动画缓动值为 100，如图 9-34 所示。

步骤 36 在图层 blur logo 上新建一个图层 white bg，插入一个关键帧到第 176 帧。使用矩形工具绘制一个白色无边框矩形，设置其尺寸与舞台尺寸相同，如图 9-35 所示。

左 图9-34

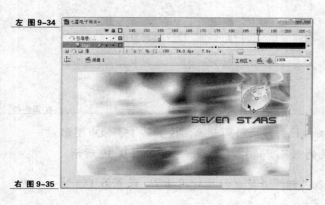

右 图9-35

步骤 37　再绘制一个比白色矩形略小的矩形线框，将线框中的部分缩小一定尺寸，设置好这
　　　　　一部分的透明度，再对其分别进行组合并删掉线框，如图 9-36 所示。

步骤 38　根据标题文字的尺寸绘制一个矩形，其上下各有一条白色线条，对其分别进行组合，
　　　　　如图 9-37 所示。

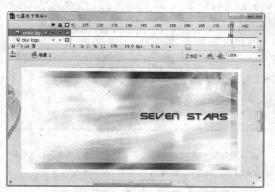

左　图 9-36

右　图 9-37

步骤 39　在半透明矩形的四个角上添加如图 9-38 所示的线条边角，将这几个图形组合起来
　　　　　并转换成图形元件 pic-white bg。

步骤 40　回到场景编辑窗口，在该层第 190 帧插入关键帧并建立补间动画，设置第 175 帧中
　　　　　图形的透明度为 0，编辑白色背景淡入显示的动画效果，如图 9-39 所示。

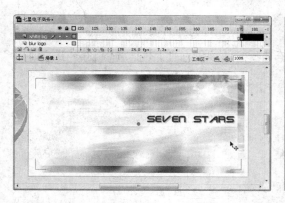

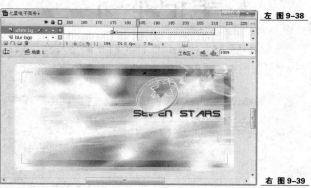

左　图 9-38

右　图 9-39

步骤 41　在 logo 动画引导层上新建一个图层 info，在第 195 帧插入一个关键帧，在半透明矩
　　　　　形下半部分输入如图 9-40 所示的文字，设置字体为宋体，上面一排文字字号为 14，
　　　　　颜色为蓝色（#003399），下面一排的字号为 12，颜色为红色（#990000），然后将所
　　　　　有文字转换成图形元件 pic-info。

步骤 42　在第 210 帧插入关键帧并建立补间动画，设置第 195 帧中文字的透明度为 0，编辑
　　　　　文字淡入显示的动画效果，如图 9-41 所示。

步骤 43　在图层 info 下面新建一个图层 btns，在第 210 帧插入关键帧，用矩形工具绘制一个
　　　　　比文字 "[笔记本]" 略大的矩形，设置其颜色为 Alpha10% 的黄色（#FFFF00），转
　　　　　换成按钮元件 btn-bar，如图 9-42 所示。

步骤 44　进入按钮元件的编辑窗口，分别插入关键帧到四个帧，将 "指针经过" 帧中图形的

颜色设为 Alpha10%的绿色（#66FFFF）。将"按下"帧中图形的颜色设为 Alpha10% 的红色（#660000），完成透明按钮的编辑，如图 9-43 所示。

左 图9-40

右 图9-41

左 图9-42

右 图9-43

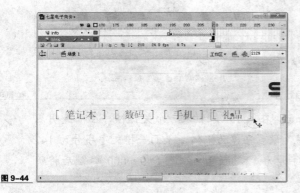

步骤45 对按钮进行复制并调整尺寸，分别在文字"[数码]"、"[手机]"和"[礼品]"下面添加相同的按钮，如图 9-44 所示。

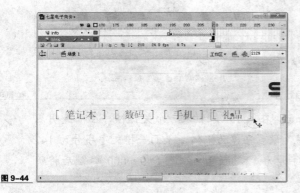

图9-44

步骤46 为第一个按钮添加以下动作代码。

```
on (press) {
getURL("http://www.seven-stars/notebook/index.html", _blank);
}
//按下按钮，在新窗口中打开指定的网页
```

步骤47 为其他三个按钮添加相应的动作代码，以打开对应的网页。

步骤48 在按钮所在帧添加使影片停止播放的动作命令"stop();"。

步骤 49 按下"Ctrl+S"保存文件，测试影片，如图 9-45 所示。

图 9-45

请打开本书配套光盘"\实例文件\第 9 章\课堂案例\"目录下的"七星电子商务.fla"文件，查看本实例的具体设置。

课堂练习——电视栏目片头：梨园戏剧

本实例制作的是一个京剧电视栏目的片头，通过文字结合脸谱变化，突显出了京剧的特点。请打开本书配套光盘"\实例文件\第 9 章\课堂案例\"目录下的"梨园戏剧.swf"文件，欣赏本实例的完成效果，如图 9-46 所示。

图 9-46

在本实例的制作过程中，使用了滤镜、混合、动作代码三种方式编辑完成了影片中的动画。本实例的设计制作方法，主要包括以下几个方面。

（1）导入宣纸纹理图案作为影片背景，应用中国戏剧中的角色脸谱和戏曲音乐背景，展现传统曲艺文化主题。

（2）脸谱的快速变换动画，与对应的戏剧角色类型介绍文字动画紧密配合，不仅使动画效果引人入胜，而且展现了戏曲特色，介绍了各种脸谱角色名称，起到了宣传文化、介绍知识的作用。

（3）应用混合功能编辑模糊遮罩动画，美化文字、戏剧角色图形的画面效果，使每个画面元素都精致、美观，将传统文化的艺术特色淋漓展现，给人赏心悦目的视觉享受。

步骤 1 启动 Flash CS3 并创建一个空白的 Flash 文档（ActionScript 2.0），然后将其保存到指定的文件夹中。将影片的尺寸改为宽 700 像素、高 400 像素，帧频为 24，如图 9-47 所示。

步骤 2 执行"文件→导入→导入到库"命令，将本书配套光盘中"实例文件\第 9 章\9.2\

课堂案例\"目录下的所有声音文件和位图文件导入到影片的元件库中，便于后面制作时调用。

步骤 3 将图层 1 改名为"黑框"并延长该图层的显示帧到第 570 帧，在绘图工作区中绘制出一个只显示舞台的黑框，然后在黑框的上下两端再绘制出两个浅黑色的矩形挡边，如图 9-48 所示。

左 图 9-47

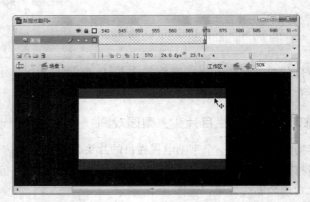

右 图 9-48

步骤 4 锁定"黑框"图层，在其下方插入一个新的图层，将其命名为"背景"。从元件库中将位图文件 photo01 拖曳到该图层中，调整好其位置和大小，如图 9-49 所示。

步骤 5 在"背景"图层绘图工作区的左下角，绘制一枚红色的印章并将其转换为一个新的影片剪辑"印章"，通过属性面板为其添加一个发光的滤镜效果，设置模糊为 4，强度为 60%，颜色为红色，如图 9-50 所示。

左 图 9-49

右 图 9-50

步骤 6 在"背景"图层的上方插入一个新的图层，将其命名为"脸谱"，在该图层绘图工作区的中间绘制出一张人脸，将其转换为影片剪辑"化装"，然后通过属性面板为其添加一个发光的滤镜效果，设置模糊为 20，强度为 40%，颜色为黑色，如图 9-51 所示。

步骤 7 进入该元件的编辑窗口中，插入一个新的图层，在该图层的第 10 帧中对照下方人物的脸形，绘制京剧脸谱上的白底色，如图 9-52 所示。

步骤 8 在第 30 帧处插入关键帧，为第 10 帧创建形状补间动画，并修改第 10 帧中图形的填充色为透明白色，这样就得到了白底色渐渐显现的动画效果。

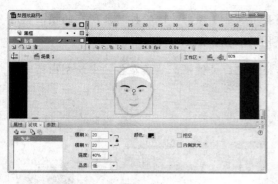
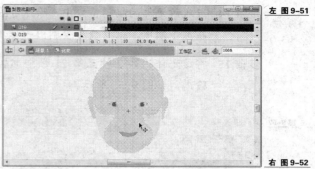

左 图 9-51

右 图 9-52

步骤9 参照上面的方法，在一个新的图层中，编辑出眼睛部位的黑色油彩逐渐显现的形状补间动画，如图 9-53 所示。

步骤10 使用相同的方法编辑出脸谱上其他油彩依次显现的动画，这样就完成了一个绘制脸谱的动画，如图 9-54 所示。

左 图 9-53

右 图 9-54

步骤11 选中最后一帧，为其添加如下动作代码。

```
stop();
//该元件停止播放
```

步骤12 回到主场景中，将脸谱图层的第 130 帧、第 140 帧转换为关键帧，然后将第 140 帧中的影片剪辑"化装"移动的舞台的右端，再选中第 130 帧创建动画补间动画，如图 9-55 所示。

步骤13 将第 141 帧转换为关键帧，右击影片剪辑"化装"，在弹出的命令菜单中选择"直接复制元件"命令，复制得到一个新的影片剪辑，将其命名为"脸谱"，如图 9-56 所示。

左 图 9-55

右 图 9-56

步骤 14 进入该元件的编辑窗口中，除保留图层 1 的第 1 帧外，删除掉其余所有的帧，然后在第 1 帧中，根据脸形绘制出一张不同的脸谱，如图 9-57 所示。

步骤 15 将该元件的第 2 帧至第 21 帧全部转换为空白关键帧，然后在各帧中绘制出不同的脸谱，如图 9-58 所示。

左 图 9-57 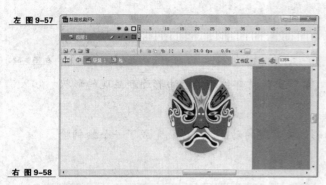  右 图 9-58

步骤 16 回到主场景中，通过属性面板将影片剪辑"脸谱"的实例名改为"face"。

步骤 17 对影片剪辑"脸谱"进行复制，然后在绘图工作区的空白处点击鼠标右键，在弹出的命令菜单中选择"粘贴到当前位置"命令，将复制的影片剪辑粘贴到原来的位置，如图 9-59 所示。

图 9-59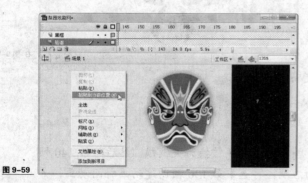

步骤 18 通过属性面板修改其实例名为"faceA"，再删除掉该影片剪辑上的滤镜效果，然后为其添加如下动作代码。

```
onClipEvent (load) {
//进入帧
_root.largen = 0;
//定义变量 largen 的初始值为 0
}
onClipEvent (enterFrame) {
//按帧频重复加载
 if (_root.largen == 1) {
//当变量 largen 的值为 1 时
    this._alpha -= 8;
//该元件的透明递减 8
    this._xscale += 5;
    this._yscale += 5;
```

```
//该元件逐渐变大，这样就得到了一个放大淡出的动画效果
   } else {
//否则
      this._alpha = 100;
//该元件不透明
      this._xscale = 30;
      this._yscale = 30;
//该元件保持原大小
   }
}
```

步骤 19　在脸谱图层的下方插入一个新的图层，将其命名为"文字"，在该图层的第 140 帧处插入空白关键帧，使用汉鼎繁淡古字体输入一些与京剧相关的黑色文字，然后依次调整好它们的大小和位置并组合，如图 9-60 所示。

步骤 20　对文字组合进行复制，然后将它们转换为一个影片剪辑"文字"，进入该元件的编辑窗口，将文字组合再转换为一个新的影片剪辑"移动文字 A"，并修改其透明度为 70%，如图 9-61 所示。

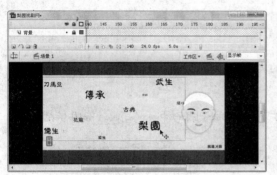

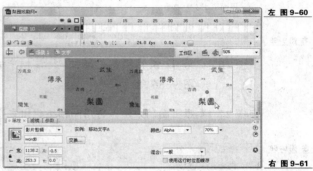

左 图 9-60

右 图 9-61

步骤 21　进入影片剪辑"移动文字 A"的编辑窗口中，将所有的组合再转换为一个影片剪辑"文字 A"，然后用 80 帧的长度编辑出文字向右移动的动画补间动画，如图 9-62 所示。

步骤 22　回到影片剪辑"文字"的编辑窗口，延长图层的显示帧到第 354 帧，参照影片剪辑"移动文字 A"的编辑方法，在一个新的图层中编辑出一个新的影片剪辑"移动文字 B"，如图 9-63 所示。

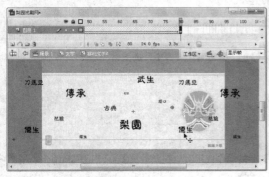

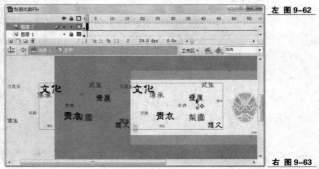

左 图 9-62

右 图 9-63

步骤 23 在图层 1 的下方插入一个新的图层，将图层 1 的第 1 帧复制并粘贴到该图层的第 1 帧上，然后修改该帧中影片剪辑的大小为原来的 50%，透明度为 40%，这样就得到了三层文字移动的动画，使画面更具层次感，如图 9-64 所示。

步骤 24 通过属性面板依次为三个图层中的影片剪辑设置实例名为"wordA"、"wordB"、"wordC"。

步骤 25 在所有图层的上方插入一个新的图层，在该图层的第 41 帧中使用 180 号的黑色汉鼎繁淡古字体输入文字"生"，调整好其位置，然后通过属性面板为其添加一个模糊的滤镜效果，设置模糊 X 为 60，模糊 Y 为 5，如图 9-65 所示。

左 图 9-64

右 图 9-65

步骤 26 在第 42 帧处插入关键帧，将该帧中的文字向右移动，然后修改其模糊 X 的值为 40，如图 9-66 所示。

步骤 27 参照上面的方法，再用两帧编辑出文字"生"移动到舞台中央的动画，如图 9-67 所示。

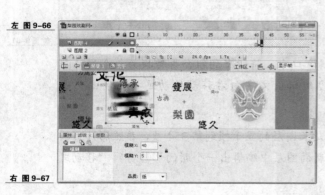
左 图 9-66

右 图 9-67

步骤 28 打开动作面板，为第 44 帧添加如下动作代码。

```
_root.face.gotoAndStop(13);
_root.faceA.gotoAndStop(13);
//舞台中的两个影片剪辑"脸谱"都转到第 13 帧并停止，即转到代表"生"的脸谱
this.wordA.stop();
this.wordB.stop();
this.wordC.stop();
//所有的背景文字停止移动
_root.largen=1;
//变量 largen 的值为 1，这样与影片剪辑"脸谱"上的动作代码对应，就触发了脸谱变大淡出的动画
```

步骤 29 参照文字"生"移入的编辑方法，在第 80 帧至第 83 帧间编辑出文字移出的动画，如图 9-68 所示。

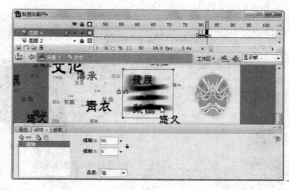

图 9-68

步骤 30 选中第 80 帧，为其添加如下动作代码。

```
_root.face.play();
_root.faceA.play();
//影片剪辑"脸谱"开始播放
this.wordA.play();
this.wordB.play();
this.wordC.play();
//文字背景开始移动
_root.largen=0;
//变量 largen 的值为 0
```

步骤 31 参照上面的方法，编辑出文字"旦、净、末、丑"依次移入画面并移出的逐帧动画，然后分别为它们添加上相应的动作代码，如图 9-69 所示。

图 9-69

步骤 32 选中第 354 帧，为其添加如下动作代码。

```
stop();
//该元件停止播放
```

步骤 33 在所有图层的上放插入一个新图层，在该图层中绘制一个覆盖舞台的矩形，使用"透明白色→白色→白色→透明白色"的线形渐变填充色对其进行填充，然后将其转换为一个新的影片剪辑"遮罩"，如图 9-70 所示。

步骤 34 通过属性面板修改影片剪辑"遮罩"的混合模式为"Alpha"，回到主场景中，将影片剪辑"文字"的混合模式为"图层"，这样就实现了对文字的模糊遮罩，如图 9-71 所示。

左 图9-70

右 图9-71

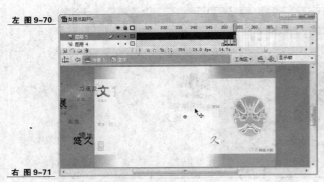

步骤 35 在第 520 帧至第 540 帧间，分别编辑出影片剪辑"脸谱"、"文字"淡出舞台的动画补间动画，如图 9-72 所示。

步骤 36 在"脸谱"图层的第 541 帧插入关键帧，在该帧中绘制出进入界面的图形，按下"F8"将其转换为一个影片剪辑"进入界面"，通过属性面板为其添加一个发光的滤镜效果，设置模糊为 30，强度为 60%，颜色为黑色，如图 9-73 所示。

左 图9-72

右 图9-73

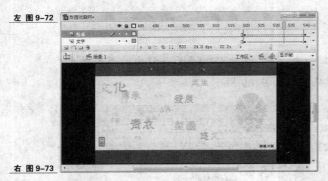
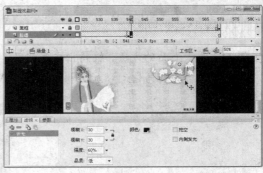

步骤 37 在第 541 帧至第 550 帧间，编辑出影片剪辑"进入界面"淡入的动画补间动画。

步骤 38 在"文字"图层的第 542、550 帧处插入空白关键帧，在第 550 帧中编辑出网站的名称文字，再将其转换为一个影片剪辑"文字 C"，并添加一个黑色发光的滤镜效果，然后在第 550 帧第 570 帧间，编辑出该按钮元件淡入的动画补间动画，如图 9-74 所示。

步骤 39 回到主场景，延长所有图层的显示帧到第 600 帧，使影片在标题界面有一个稍稍的停顿，便于观众看清栏目标题后，再进入下面的节目。

步骤 40 选中"黑框"图层的第 1 帧，为其添加一个声音 sound01，设置同步为数据流。

步骤 41 保存文件，测试影片，如图 9-75 所示。

在制作电视栏目的片头时，因为电视信号制式的原因，有时候会对影片的尺寸、格式有严格的要求，这时可以通过一些专门的转换软件将 swf 影片转换为各种视频格式影片，以满足电视栏目的需要。请打开本书配套光盘"\实例文件\第 9 章\课堂案例\"目录下的"梨园戏剧.fla"文件，查看本实例的具体设置。

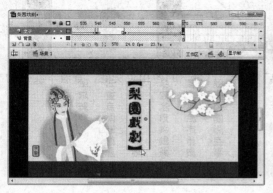 

左 图 9-74

右 图 9-75

课后实训——个性网站片头：笨小孩工作室

影片项目文件	光盘\实例文件\第 9 章\课后实训\笨小孩工作室.fla
影片输出文件	光盘\实例文件\第 9 章\课后实训\笨小孩工作室.swf
视频演示文件	光盘\实例文件\第 94 章\课后实训\视频演示\笨小孩工作室.avi

个性网站片头往往不需要太复杂的动画，只需要独树一帜的效果，给人们留下深刻的印象。在这个实例中，主要使用了 Swift 3D 编辑出图形的 3D 效果，然后通过在 Flash 中调整图形大小、模糊度模拟出远近不同的效果，从而虚拟出一个三维空间的效果。因为 Flash 是一款平面动画制作软件，因此这种 3D 效果能让人有眼前一亮、耳目一新的感觉，本实例效果如图 9-76 所示。

图 9-76

笨小孩工作室片头的制作过程主要包括下面几点。

（1）在 Flash 中绘制出人物的矢量图形并导出为 EPS 格式的矢量图。

（2）将 EPS 格式的矢量图导入 Swift 3D 进行编辑并输出旋转动画。

（3）使用 Swift 3D 编辑出文字旋转的动画。

（4）将旋转动画导回 Flash 中进行编辑，再导出影片。

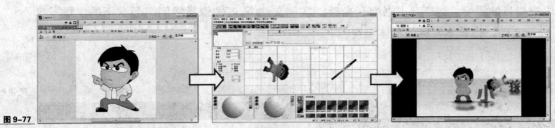

图 9-77

　　请打开本书配套光盘 "例文件\第 9 章\课后实训\" 目录下的各相关文件，查看本实例的具体设置。

第10章
Flash 互动游戏设计

本章知识要点

◆ 认识 Flash 游戏，了解其种类、应用领域、前景等方面知识

◆ 学习 Flash 游戏的制作流程

◆ 掌握部分 Flash 游戏的制作方法

本章学习导读

使用 Flash 编辑各种互动游戏，主要是通过 AS 动作代码调用、控制各种影片剪辑并触发事件，从而得到不同的结果；但对于如何实现上述的功能则是一个比较复杂、系统的过程，因此需要游戏设计人员对 AS 动作代码有个较全面和系统的认识，这样才能知道要实现一个效果需要怎么编写动作代码，最终得到一个完整、有趣的游戏。

10.1 Flash 互动游戏的前景

在制作一个游戏前，必须先就游戏的风格、类型、游戏方法等进行设计，就如同在制作动画前要先制作分镜稿一样，然后形成一个策划方案，再根据此方案进行制作。在制作过程中，可以根据实际情况对原策划进行合理的修改，最后是对完成的游戏进行测试，修正 BUG，这样一个游戏就制作完成了。在这个过程中，每个工序都对应不同的岗位，如：游戏的设计需要由游戏策划来完成，而风格的设定、人物的绘制、动作的编辑则由游戏美工来完成，对于程序部分的编写，就需要程序员大显身手了。因此游戏相关行业人才需求面较广，就业前景十分光明，而在上述工种中，通常程序员的报酬是比较高的。

对于一个互动游戏可以有多种不同的程序语言来实现，如：C++语言、Java 语言、Flash 的 AS 语言等；这些都是目前比较流行的编程语言，但他们各有长短。C++等语言通常用于编写较大型的程序，语言结构相对复杂，较难上手；Java 等语言通常用于编写较小型的程序，而 Flash 的 AS 语言不仅适合编辑中、小型的程序，而且便于扩展，可以和其他软件共同开发较大型的游戏或者网络游戏。并且 Flash 生成的文件较小、易于传播、AS 语言结构相对简单、动画编辑方便、对其他媒体文件的支持性好等特点，使 Flash 制作的互动程序、互动游戏有十分广阔的应用空间。

目前 Flash 互动游戏应用领域有：大型的 Flash 游戏网站推出的各种不同类型 Flash 单机游戏；企业为了宣传自己的产品定制的 Flash 游戏；教育机构为了寓教于乐开发的教育类小 Flash 游戏；手机运营商外包制作各种手机小游戏。Flash 互动游戏的市场是很繁荣的，眼下 Flash 动画市场相对饱和，而 AS 程序员则远远供不应求，希望同学们认真学习本章内容，成为熟练掌握 AS 游戏编程的游戏设计师。

10.2 Flash 互动游戏的制作

前面介绍了 Flash 游戏制作的大致流程，一个合格的程序员在了解了游戏的策划以后，头脑里就应该有一个该游戏的大致结构框架，及该游戏的实现原理，制作难点等。比如下面将制作的《植物大战僵尸》这个游戏，原理就是玩家生产植物，然后依靠不同的植物阻止僵尸的前进；而实现的难点就是如何生成植物、每种植物的特性、僵尸 AI 的设定等，只要解决了这些问题，该游戏的制作就没有什么大的问题了，下面我们就来制作这个游戏，希望大家能从该游戏的制作中学习到 Flash 游戏的制作技术和流程。

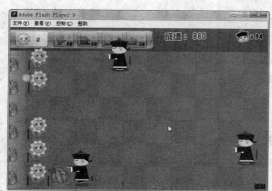

图 10-1

课堂案例——植物大战僵尸

步骤 1 启动 Flash CS3 并创建一个空白的 Flash 文档（ActionScript 2.0），然后将其保存到指定的文件夹中。

步骤 2 将影片的尺寸改为宽 640 像素、高 420 像素，帧频修改为 24f/s，如图 10-2 所示。

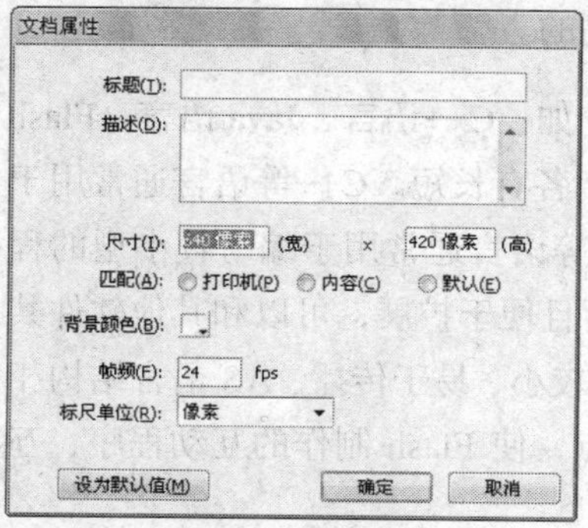

图 10-2

步骤 3　执行"文件→导入→导入到库"命令，将本书配套光盘中"\实例文件\第 10 章\课堂案例\Media"目录下的所有文件导入到影片的元件库中。

步骤 4　将图层 1 改名为"黑框"并延长该图层的显示帧到第 5 帧，然后在该图层中绘制出一个只显示舞台的黑框，再将该图层锁定并只显示为轮廓。

步骤 5　在"黑框"图层的下方插入一个新的图层，再将该图层的所有帧都转换为空白关键帧。

步骤 6　在新图层的第 2 帧中创建一个覆盖舞台的长方形，并将其填充为土色，如图 10-3 所示。

步骤 7　按下组合键"Ctrl+G"，创建一个组合，在该组合中绘制一个宽 600 像素、高 360 像素的矩形，然后将其平均分为 60 份，并使用不同的绿色交叉填充，这样就得到了草坪，如图 10-4 所示。

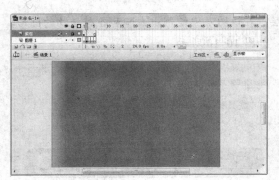
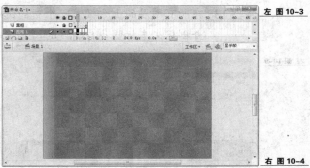

左 图 10-3

右 图 10-4

步骤 8　在一个新的组合中绘制出一排栅栏的图形，然后将其放置到绘图工作区的顶端，如图 10-5 所示。

步骤 9　按下组合键"Ctrl+F8"，创建一个新的元件，将其命名为"物品栏"，在该元件中绘制一个 400 像素 × 50 像素的蓝色圆角长方形，如图 10-6 所示。

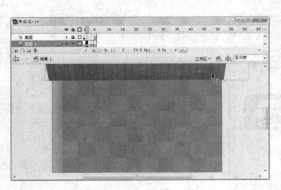
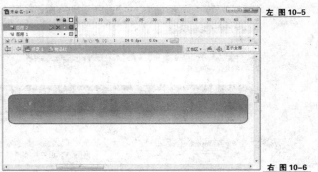

左 图 10-5

右 图 10-6

步骤 10　插入一个新的图层，在该图层中分别绘制一个黄色的圆角长方形和一个淡蓝色的圆角长方形，如图 10-7 所示。

步骤 11　选中黄色的圆角长方形，按"F8"键将其转换为一个按钮元件"按钮 1"，然后进入该元件中，延长显示帧到"点击"帧，在"指针经过"帧前插入一帧关键帧，然后将该帧中图形的颜色修改为亮黄色，如图 10-8 所示。

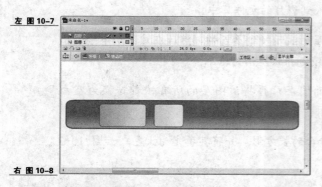
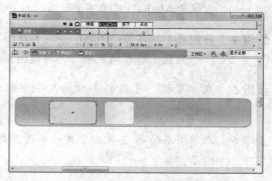

左 图 10-7

右 图 10-8

步骤 12 回到影片剪辑"物品栏"的编辑窗口，参照上面的方法将淡蓝色的圆角长方形编辑为一个按钮元件"按钮 2"，然后复制出 3 个"按钮 2"，并调整好各按钮元件间的位置，如图 10-9 所示。

步骤 13 在所有图层的上方插入一个新的图层，在该图层中绘制出太阳和各种植物的图形，并创建文本标明各自需要的阳光量，如图 10-10 所示。

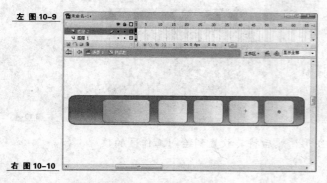
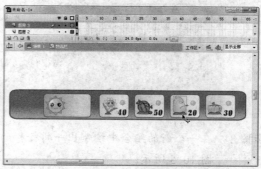

左 图 10-9

右 图 10-10

步骤 14 在太阳图形的后面创建一个动态文本，然后修改其变量为"_root.yang"，如图 10-11 所示。

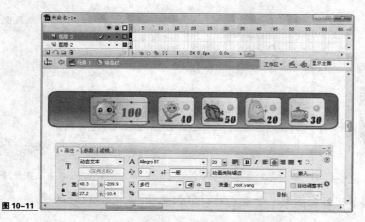

图 10-11

步骤 15 选中第 1 个蓝色按钮，为其添加如下动作代码。

```
on (press) {
//该按钮按下时
```

```
_root.tuoz = 1;
//变量 tuoz 的值变为 1，这个变量是用来控制拖曳的，当其为 1 时，表明此时鼠标正拖曳某个影片剪辑
_root.yang -= 40;
//变量 yang 的值减去 40，及可用于生产的养料减少 40
_root.gs++;
//变量 gs 加 1，该变量表示目前生产了多少植物
_root.attachMovie("太阳花","xwp"+_root.gs,_root.gs+10000000);
//从元件库中调用链接标识符为"太阳花"的影片剪辑，并新命名为 xwp1（假设此时_root.gs=1），并
//设置其层级为 10000001，这样该程序与后面的其他程序对应，就实现了从元件库中复制太阳花的效果
}
```

步骤 16 参照上面的动作代码，在后面的 3 个蓝色按钮上添加相应的动作代码。

步骤 17 插入一个新的图层，然后将按钮元件"按钮 2"从元件库中拖曳到该图层，再调整位置，使其覆盖住下面的蓝色按钮和图形，如图 10-12 所示。

步骤 18 按下"F8"键将"按钮 2"转换为一个新的影片剪辑"黑板"，然后进入该影片剪辑中，将该按钮的颜色修改为黑色半透明，如图 10-13 所示。

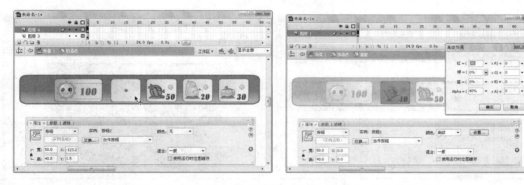

左 图 10-12

右 图 10-13

步骤 19 将第 2 帧转换为空白关键帧，然后在第 1 帧上添加如下动作代码。

```
stop();
//该影片剪辑停止播放
```

步骤 20 回到影片剪辑"物品栏"的编辑窗口，复制出 3 个影片剪辑"黑板"，并调整好各元件的位置，使其分别覆盖住下面的按钮，如图 10-14 所示。

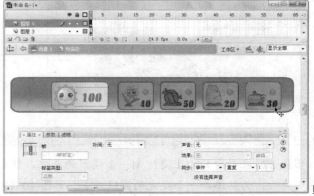

图 10-14

步骤 21 选中最左边的影片剪辑"黑板"，为其添加如下动作代码。

```
onClipEvent (enterFrame) {
//按帧频不停运行下面的动作代码
 if (_root.yang>=40) {
//如果变量 yang 的值大于或等于 40，即表示此时有充足的养料
    this.gotoAndStop(2);
//该元件就转到第 2 帧，因为第 2 帧中什么也没有，这样用户就可以按到下面的生产按钮
 } else {
    this.gotoAndStop(1);
//否则该元件转到第 1 帧，即表示此时养料不够，不能生产
 }
}
```

步骤 22 参照上面的动作代码，为后面的 3 个"黑板"影片剪辑添加相应的动作代码。

步骤 23 在一个新图层中为物品栏编辑一个高光效果，使物品栏更加美观，如图 10-15 所示。

步骤 24 回到主场景，然后从元件库中将影片剪辑"物品栏"拖曳到舞台中，并调整好其位置，如图 10-16 所示。

左 图 10-15

右 图 10-16

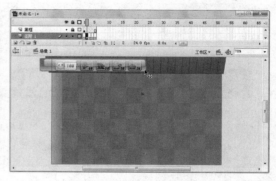

步骤 25 在舞台的左边绘制出一个夹子的图形，然后将其转换为一个影片剪辑"夹子"，如图 10-17 所示。

步骤 26 对"夹子"进行 5 次复制粘贴，然后调整好它们的位置，作为最后的防线，如图 10-18 所示。

左 图 10-17

右 图 10-18

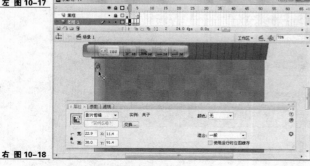
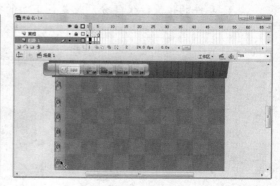

步骤 27 在舞台的右上角绘制一个僵尸的头像，然后将其转换为一个影片剪辑"头像"，并为其添加一个发光的滤镜效果，如图 10-19 所示。

步骤 28 进入该元件的编辑窗口，在头像的后面创建一个静态文本乘号和一个动态文本，设置其变量为 "_root.jszsl"，如图 10-20 所示。

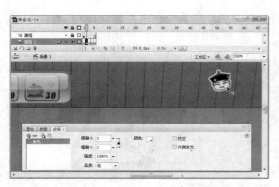

右 图 10-19

右 图 10-20

步骤 29 在头像的前面创建一个内容为 "成绩:" 的静态文本，然后在其后创建一个变量为 "_root.score" 的动态文本，如图 10-21 所示。

步骤 30 回到主场景中，在舞台的外面绘制一个点，然后将其转换为一个影片剪辑 "声音"，修改其实例名为 "sound"，如图 10-22 所示。

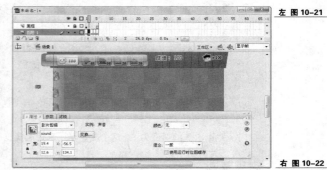

左 图 10-21

右 图 10-22

步骤 31 进入该元件中，将第 2 帧至第 4 帧转换为关键帧，并将声音 sound5、sound3、sound7 依次添加到这些帧上，如图 10-23 所示。

步骤 32 按下组合键 "Ctrl+F8" 创建一个新的影片剪辑 "太阳花"，将 "物品栏" 中的太阳花图形复制到该元件的绘图工作区中，调整好其大小和位置，然后延长其显示帧到第二帧，如图 10-24 所示。

左 图 10-23

右 图 10-24

步骤 33 在图层 1 的下方插入一个新的图层，在该图层中绘制一个边长为 50 的正方形，如图 10-25 所示。

步骤 34 将正方形的填充色修改为透明，然后将其转换为一个影片剪辑"透明元件"，如图 10-26 所示。

左 图 10-25

右 图 10-26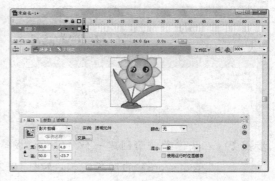

步骤 35 打开动作面板，为其添加如下动作代码。

```
onClipEvent (enterFrame) {
//按帧频不停运行下面的动作代码
 for (i=0; i<=100; i++) {
//i 在 1-100 间循环
     if (this.hitTest(_root["xwp"+i].quy)) {
//如果该元件碰到 xwp1……xwp100 中的任意一个
         _parent._alpha = 50;
//该元件的上一级元件，即影片剪辑"太阳花"的透明度为 50%
         _root.kyf = 0;
//变量 kyf 的值变为 0，这个变量是用来控制拖曳后是否能放下的，当其为 0 时，表明此时鼠标正拖曳某个
//影片剪辑不能放下
     }
 }
//上面的动作代码主要用于判断：新生成的花如果和场景中已有的花如果重合，则新生成的花不能被放下；
//最后得到的效果就是在一块草坪上只能有一株花
 if (_root.tuoz == 1) {
//如果变量 tuoz 的值变为 1，表明此时鼠标正拖曳某个影片剪辑
     _root.cjx = (_root._xmouse-5)%60;
     _root.cjy = (_root._ymouse+10)%60;
//根据鼠标的位置，得到鼠标与每块草坪中心点的差值
     if (_root.cjx>30) {
         _parent._x = _root._xmouse+60-_root.cjx;
     }
     if (_root.cjx<=30) {
         _parent._x = _root._xmouse-_root.cjx;
     }
     if (_root.cjy>30) {
         _parent._y = _root._ymouse+60-_root.cjy;
     }
     if (_root.cjy<=30) {
```

```
                    _parent._y = _root._ymouse-_root.cjy;
            }
    //判断插值的大小，从而决定影片剪辑"太阳花"的坐标
    }
}
//这段代码的作用是通过鼠标的位置判断影片剪辑"太阳花"的位置，从而实现鼠标的拖曳效果，并可以使
//每株花始终位于每块小草坪的中间
onClipEvent (mouseUp) {
//鼠标释放时运行下面的动作代码
    if (_parent._x>40 and _parent._x<640 and _parent._y>60 and _parent._y<420 and
_root.kyf == 1) {
    //如果影片剪辑"太阳花"在大草坪的区域内，且当前的小草坪上没有其他植物
        _root.tuoz = 0;
    //如果变量 tuoz 的值变为 0，表明此时鼠标没有拖曳任何东西
        _parent._alpha = 100;
    //影片剪辑"太阳花"的透明度为 100
        wpcc = _parent._y*1000-_parent._x;
        _parent.swapDepths(wpcc);
    //根据此时影片剪辑"太阳花"的坐标，更改其层级
        _root.sound.gotoAndStop(4);
    //影片剪辑"sound"转到第 4 帧，即播放第 4 帧中的声音
        _parent.gotoAndStop(2);
    //影片剪辑"太阳花"转到第 2 帧，这里因为第 2 帧上没有代码，因此鼠标将停止对该影片剪辑的拖曳
    }
}
//这段代码用于控制影片剪辑"太阳花"被放下时，该元件的变化
onClipEvent (mouseMove) {
//鼠标移动时运行下面的动作代码
    _parent._alpha = 100;
    _root.kyf = 1;
//这段代码用于控制影片剪辑"太阳花"被判断不能放下后，当其移开已经有花的草坪后，影片剪辑"太阳
//花"恢复为正常状态
}
```

步骤 36 选中第 1 帧，为其添加如下动作代码。

```
stop();
//该影片剪辑停止播放
_root.kyf=1;
//变量 kyf 的值变为 1
```

步骤 37 将该图层的第 2 帧转换为关键帧，并删除掉该帧中影片剪辑"透明元件"上的所有的动作代码，这样当该元件转到第 2 帧时就会停止拖曳；再将其实例名修改为"quy"，如图 10-27 所示。

步骤 38 插入一个新图层，然后在花的左边绘制一个红色的长条，并将其转换为一个影片剪辑"血条"，再修改其实例名为"xue"，如图 10-28 所示。

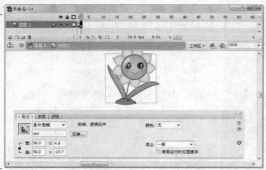 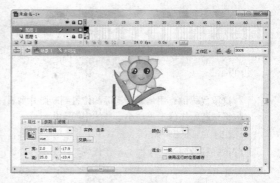

步骤 39 进入该元件中，在第 100 帧处插入关键帧并调整长条的长度，在第 101 帧前插入空白关键帧，然后为第 1 帧创建形状补间动画，这样就得到血慢慢减少的动画效果，如图 10-29 所示。

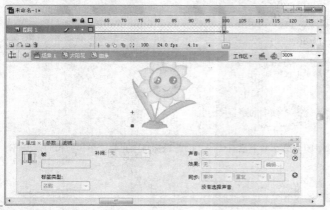

图 10-29

步骤 40 为第 1 帧添加如下动作代码。

```
stop();
//该影片剪辑停止播放
```

步骤 41 回到影片剪辑"太阳花"的编辑窗口，为影片剪辑"血条"添加如下动作代码。

```
onClipEvent (enterFrame) {
//按帧频不停运行下面的动作代码
  if (this._currentframe>=100) {
//如果"血条"的当前帧大于或等于100，即血已经没有
    _parent.removeMovieClip();
//删除其上级影片剪辑，即删除影片剪辑"太阳花"
  }
}
```

步骤 42 在所有图层的上方新建一个图层，然后在第 2 帧中绘制出一个小太阳并将其转换为一个影片剪辑"阳光出现"，如图 10-30 所示。

步骤 43 进入该元件中，将第 1 帧拖曳到第 315 帧，然后在第 315 帧至第 330 帧间编辑出小太阳出现的引导动画，如图 10-31 所示。

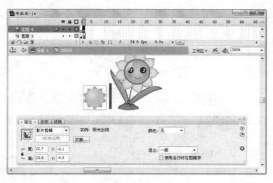

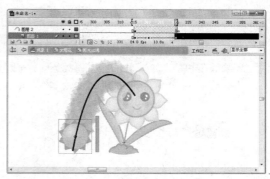

左 图 10-30

右 图 10-31

步骤 44　然后分别在第 391 帧至第 396 帧、第 397 帧至第 406 帧间编辑出小太阳渐渐变透明的动画效果，如图 10-32 所示。

步骤 45　为第 396 帧添加如下动作代码。

```
gotoAndPlay(1);
//该影片剪辑转到第 1 帧并播放，这样就得到太阳花每过一段时间就生产出一个小太阳的效果
```

步骤 46　插入一个新图层，从元件库中将按钮元件"按钮 2"拖曳到该图层的第 330 帧中，调整位置使其覆盖住下面的小太阳，如图 10-33 所示。

左 图 10-32

右 图 10-33

步骤 47　将按钮元件的透明度修改为 0，然后为其添加如下动作代码。

```
on (press) {
gotoAndPlay(397);
}
//该影片剪辑转到第 397 帧并播放
```

步骤 48　在第 397 帧插入空白关键帧，然后在第 401 帧至第 415 帧间编辑出提示文字出现并逐渐消失的动画效果，如图 10-34 所示。

步骤 49　再添加如下动作代码。

```
_root.score+=5;
//分数加 5 分
_root.yang+=10;
//养料值加 10
```

步骤 50　在元件库中用鼠标右键单击影片剪辑"太阳花"，执行"链接"命令，在"链接属性"对话框中勾选"为 ActionScript 导出"项，并按下"确定"按钮，如图 10-35 所示。

左 图 10-34

右 图 10-35

步骤 51 这样第 1 种植物 "太阳花" 的编辑就完成了，然后参考其编辑方法并参考本书配套光盘 "\实例文件\第 10 章\课堂案例" 目录下的 "植物大战僵尸.fla" 文件编辑出其他的植物。

步骤 52 新建一个影片剪辑 "僵尸"，然后在该元件中绘制出一个僵尸的图形，如图 10-36 所示。

图 10-36

步骤 53 选中僵尸的图形，按下 "F8" 将其转换为一个新的影片剪辑 "僵尸—跳"，然后在该元件中用 9 帧长的逐帧动画编辑出僵尸跳动的动画效果，如图 10-37 所示。

图 10-37

步骤 54 返回影片剪辑 "僵尸" 的编辑窗口，将第 2 帧、第 3 帧转换为关键帧，然后用鼠标右键单击第 2 帧中的元件，执行 "直接复制元件" 命令，复制得到一个新的影片剪辑 "僵尸—攻击"，并修改其实例名为 "gongj"，如图 10-38 所示。

图 10-38

步骤 55　进入该元件中,用 8 帧长的逐帧动画编辑出僵尸攻击的动画效果,如图 10-39 所示。

图 10-39

步骤 56　参照上面的方法在影片剪辑“僵尸”第 3 帧中创建一个影片剪辑“僵尸—死”,然后在该影片剪辑中编辑出僵尸倒下的动画,如图 10-40 所示。

图 10-40

步骤 57　选中影片剪辑“僵尸—死”的第 7 帧,为其添加如下动作代码。

```
stop();
//该影片剪辑停止播放
_root.jszsl-=1;
//僵尸总数减 1
_root.score+=100;
//分数加 100 分
```

步骤 58　返回影片剪辑“僵尸”的编辑窗口,在影片剪辑“僵尸—死”上添加如下动作代码。

```
onClipEvent (enterFrame) {
//按帧频不停运行下面的动作代码
  if (this._currentframe == 7) {
//如果该元件的当前帧为 7,即播放完僵尸倒下的动画
    this._alpha-= 10;
//该元件慢慢变透明
```

```
}
if (this._alpha<=10) {
//如果透明度小于或等于10
    _parent._x = -100;
//影片剪辑"僵尸"的 x 坐标为-100，这里的动作与后面的动作相互作用，就得到僵尸重新加载的效果
}
}
```

步骤 59 插入一个新图层并将其第 3 帧转换为空白关键帧，然后将影片剪辑"透明元件"拖曳到该图层的第 1 帧中，并调整好其位置，再修改其实例名为"quy"，如图 10-41 所示。

图 10-41

步骤 60 通过动作面板为该元件添加如下动作代码。

```
onClipEvent (load) {
//加载该元件时执行下面的动作代码
 function reset() {
//自定义一个函数 reset()
    _parent._x = 700+_root.jszsl+random(10*_root.jszsl);
    sjs = random(6)+1;
    _parent._y = sjs*60+10;
//通过随机函数，决定僵尸出现的位置
    wpcc = _parent._y*3000-_parent._x;
    _parent.swapDepths(wpcc);
//根据坐标决定僵尸的层级
    _parent.gotoAndStop(1);
//僵尸回到跳动状态
 }
 reset();
//执行 reset()函数
}
onClipEvent (enterFrame) {
//按帧频不停运行下面的动作代码
 if (_root.jszsl>=80) {
    sd = 0.5;
 }
//如果僵尸的总数大于或等于80，其速度的值为0.5
```

```
    if (_root.jszsl<80 and _root.jszsl>=60) {
        sd = 1;
    }
```
//如果僵尸的总数在 60 至 80 间，其速度的值为 1
```
    if (_root.jszsl<60 and _root.jszsl>=40) {
            sd = 1.5;
    }
    if (_root.jszsl<40 and _root.jszsl>=20) {
            sd = 2;
    }
    if (_root.jszsl<20 and _root.jszsl>=0) {
            sd = 2.5;
    }
```
//通过上面的动作代码，就得到了越玩到后面，僵尸的前进速度就越快的效果
```
    _parent._x -= sd;
```
//影片剪辑"僵尸"减去当时的速度值，这样就得到僵尸向左运动的效果
```
    if (_parent._x<650 and _parent._x>60) {
```
//当该僵尸位于大草坪上时
```
        if (sjs == 1) {
                _root.fasa = 1;
        }
```
//如果该僵尸位于草坪的最上面一层，fasa 的值为 1，该变量用于判断该层的植物是否开火，当其值为 1
//时，表示开火
```
        if (sjs == 2) {
            _root.fasb = 1;
        }
        if (sjs == 3) {
            _root.fasc = 1;
        }
        if (sjs == 4) {
            _root.fasd = 1;
        }
        if (sjs == 5) {
            _root.fase = 1;
        }
        if (sjs == 6) {
            _root.fasf = 1;
        }
    }
```
//上面的动作代码就实现了当僵尸出现在哪一层，那一层的植物就开火
```
    for(i=0; i<=100; i++) {
        if (this.hitTest(_root["xwp"+i].quy)) {
            _parent.gotoAndStop(2);
            _parent._x += 1.1*sd;
```
//当僵尸碰到任何一种植物，僵尸表现为进攻状态，并且原地不动
```
            if (_parent.gongj._currentframe == 8) {
                if (_root.jszsl>=60) {
                    ssl = 10;
                }
                if (_root.jszsl<60 and _root.jszsl>=30) {
                    ssl = 12;
                }
```

```
                            if (_root.jszsl<30 and _root.jszsl>=0) {
                                ssl = 15;
                            }
//根据僵尸的数量决定僵尸的攻击力，这样越到后面，僵尸的攻击力就越大
                        dqz = _root["xwp"+i].xue._currentframe+ssl;
                        _root["xwp"+i].xue.gotoAndStop(dqz);
//根据僵尸的攻击力决定该植物血条减少的速度
                        _parent.gotoAndStop(1);
//僵尸回到跳动状态
                }
        }
    }
//通过上面的动作代码就实现了僵尸遇见植物就停下攻击该植物，当消灭植物后又继续前进的功能
if(_parent._x<-10 and _parent._x>-50){
 _root.gotoAndStop("over");
 }
//当僵尸走到了画面的尽头，即该僵尸突破了所有的防线，主场景转到游戏失败画面
if(_parent._x<-50){
 reset();
 }
//如果僵尸的位置小于-50，就重新加载该僵尸；这里与僵尸死掉时，位置跳到-200上对应就得到了僵尸
//死后又重新加载的效果
 }
```

步骤 61 在影片剪辑"僵尸"中插入一个新图层并将影片剪辑"血条"拖曳到僵尸的后面，再修改其实例名为"xue"，然后将第 3 帧转换为空白关键帧，如图 10-42 所示。

图 10-42

步骤 62 这样影片剪辑"僵尸"的编辑就完成了，然后在元件库中修改其"链接标识符"为"僵尸"。

步骤 63 回到主场景中，将第 2 帧的帧标签修改为"game"，然后为其添加如下动作代码。

```
_root.yang=100;
_root.gs=0;
_root.score = 0;
_root.jszsl = 100;
_root.fasa=0;
_root.fasb=0;
```

```
_root.fasc=0;
_root.fasd=0;
_root.fase=0;
_root.fasf=0;
//设置各变量的初始值
for (j=0; j<_root.jssl; j++) {
 _root.attachMovie("僵尸", "new"+j, j);
}
//通过变量 jssl 定义出现在舞台中的僵尸数量
```

步骤 64 选中影片剪辑"头像"并为其添加如下动作代码。

```
onClipEvent (enterFrame) {
 _root.jssl = 14-int(_root.jszsl/20);
//根据僵尸的剩下数量决定出现在舞台中的僵尸数量
 if (_root.jszsl<=0) {
        _root.gotoAndStop("win");
 }
//当僵尸的剩余数量小于等于 0 时，游戏到胜利界面
}
```

步骤 65 依次选中影片剪辑"夹子"，分别为其添加如下动作代码。

```
onClipEvent (enterFrame) {
 for (i=0; i<_root.jssl; i++) {
        if (this.hitTest(_root["new"+i].quy)) {
               _root["new"+i].gotoAndStop(3);
               _root.score -= 100;
               this._x = -500;
        }
 }
}
//如果该夹子碰到僵尸，该僵尸被夹死，同时夹子也消失并减去 100 分
```

步骤 66 在第 1 帧中编辑出游戏的开始界面，如图 10-43 所示。

图 10-43

步骤 67 为第 1 帧添加如下动作代码。

```
function clean() {
 for (i in _root) {
```

```
            _root[i].removeMovieClip();
    }
}
//自定义一个清除函数,用于清除所有从库中调用的元件
_root.clean();
//执行清除函数
stop();
```

步骤 68 将第 3、4、5 帧的帧标签依次修改为 "win"、"over"、"help",并分别编辑出胜利、失败和帮助界面,如图 10-44 所示。

步骤 69 分别在第 3、4 帧上添加清除用的动作代码。

```
_root.clean();
```

步骤 70 为各界面的按钮,添加相应的动作代码,使游戏可以在各界面间跳转。

步骤 71 选中第 1 帧,为其添加声音 "sound1",设置同步为 "开始、循环",然后为第 3 帧添加声音 "sound2",为第 4 帧添加声音 "sound4"。

步骤 72 保存文件,测试影片,如图 10-45 所示。

左 图 10-44

右 图 10-45

请打开本书配套光盘 "\实例文件\第 10 章\课堂案例\" 目录下的 "植物大战僵尸.fla" 文件,查看本实例的具体设置。

课堂练习——海底总动员

本练习中,玩家通过鼠标控制一条鱼去吃比自己小的鱼,每吃一条鱼或接到一颗星星,都可以得到相应的加分,当分数到达一定数值时,鱼就会逐级长大,从而可以吃下更大更多的鱼,直到它成为海洋的霸主,如图 10-46 所示。请打开本书配套光盘中 "\实例文件\第 10 章\课堂练习\" 目录下的 "海底总动员.swf" 文件,在游戏过程中思考一下该游戏的制作原理。

步骤 1 启动 Flash CS3 并创建一个空白的 Flash 文档(ActionScript 2.0),然后将其保存到指定的文件夹中,再将影片的尺寸改为宽为 600 像素、高为 400 像素,背景颜色为蓝色,帧频为 24,如图 10-47 所示。

步骤 2 执行 "文件→导入→导入到库" 命令,将本书配套光盘中 "\实例文件\第 10 章\课堂练习\" 目录下的所有声音文件导入到影片的元件库中。

左 图 10-46
右 图 10-47

步骤 3 按下组合键 "Ctrl+F8"，创建一个按钮元件，将其命名为 "按钮"，进入该元件的编辑窗口中，将指针经过帧、点击帧转换为空白关键帧，然后为指针经过帧添加一个声音 sound1，设置同步为事件重复 1 次，在点击帧中绘制一个宽为 126 像素、高为 32 像素的长方形，如图 10-48 所示。

步骤 4 新建一个影片剪辑，将其命名为 "按钮组"，在该元件的编辑窗口中绘制出两个按钮的图形，然后将两个按钮元件 "按钮" 从元件库拖曳到绘图工作区中，并调整它们的大小和位置，使其分别与按钮的图形重合，如图 10-49 所示。

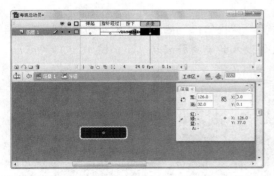
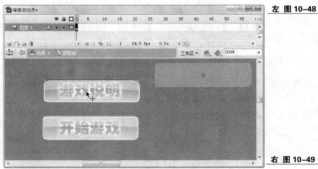

左 图 10-48
右 图 10-49

步骤 5 按下 "F9" 打开动作面板，为 "游戏说明" 文字下的按钮添加如下动作代码。

```
on (press) {
_root.gotoAndStop("help");
}
//按下该按钮，影片转到帧标签为 "help" 的帧并停止，即进入说明界面
```

步骤 6 为 "开始游戏" 文字下的按钮添加如下动作代码。

```
on (press) {
_root.gotoAndStop("game");
}
//按下该按钮，影片转到帧标签为 "game" 的帧并停止，即进入游戏界面
```

步骤 7 执行 "插入→新建元件" 命令，创建一个新的影片剪辑 "文字"，进入该元件的编

辑窗口，使用华文彩云字体输入游戏名称"海底总动员"，并将其分离为可编辑的矢量图形，然后依次调整好它们的位置和角度。

步骤 8 使用不同的线性渐变填充色对文字进行填充，再使用渐变变形工具对其进行调整，最后在一个新的图层中绘制出文字的高光效果，如图 10-50 所示。

步骤 9 按下组合键"Ctrl + F8"，创建一个名为"片头"的影片剪辑，从元件库中将影片剪辑"文字"拖曳到绘图工作区中，调整好其位置，然后添加一个发光的滤镜效果，修改模糊为 30，如图 10-51 所示。

左 图 10-50

右 图 10-51

步骤 10 延长该元件的显示帧到第 21 帧，然后在第 1 帧至第 9 帧间编辑出影片剪辑"文字"快速放大并振动的动画效果，如图 10-52 所示。

步骤 11 插入一个新图层，从元件库中将影片剪辑"按钮组"拖曳到该图层的第 9 帧中，调整好其大小和位置，然后编辑出该元件淡入的动画补间动画，如图 10-53 所示。

左 图 10-52

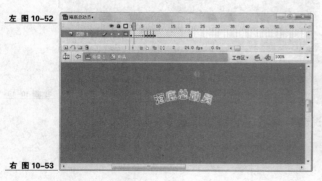

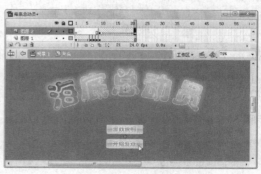

右 图 10-53

步骤 12 选中第 21 帧，为其添加如下动作代码。

```
stop();
```

步骤 13 执行"插入→新建元件"命令，创建一个新的影片剪辑"说明"，在该元件的绘图工作区中，编辑出游戏的说明界面，然后在"开始游戏"文字处放置一个按钮元件"按钮"，并为其添加相应的动作代码，如图 10-54 所示。

步骤 14 在一个新的影片剪辑"鳞光"中，绘制出点点鳞光的图形，然后用编辑逐帧动画的方式制作出鳞光闪烁的动画效果，如图 10-55 所示。

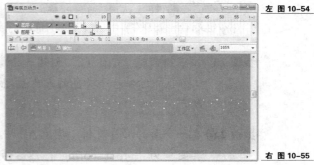

左 图 10-54

右 图 10-55

步骤 15　新建一个影片剪辑，将其命名为"气泡"。在该元件中绘制一些半透明的气泡，并延长图层的显示帧到第 200 帧，然后编辑出这些气泡向上移动 600 像素的形状补间动画，长度为 120 帧，如图 10-56 所示。

步骤 16　插入一个新图层，在该图层中再绘制一些气泡，然后编辑出这些气泡向上移动 700 像素的形状补间动画，长度为 120 帧，如图 10-57 所示。

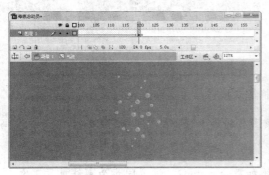

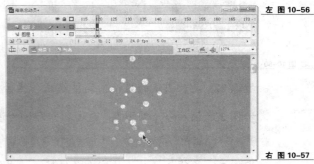

左 图 10-56

右 图 10-57

步骤 17　选中该元件的第 1 帧，为其添加如下动作代码。

```
_root.air._x=random(10)*60+50;
//定义该元件出现在影片中的任意水平位置
```

步骤 18　创建一个新的影片剪辑"移动的鱼群"，在该元件的编辑窗口中绘制出一群小鱼，然后按下"F8"将其转换为一个图形元件"鱼群"，编辑出图形元件"鱼群"向左移动 800 像素的动画补间动画，长度为 480 帧，如图 10-58 所示。

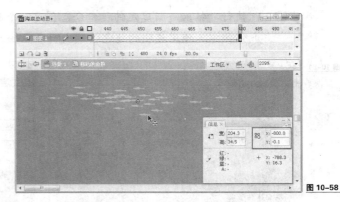

图 10-58

步骤 19　选中该元件的第 1 帧，为其添加如下动作代码。

```
_root.bevy._y=random(10)*30+50;
//定义该元件出现在影片中的任意垂直位置
```

步骤 20 按下组合键 "Ctrl+F8" 创建一个影片剪辑,将其命名为 "星",在该元件的绘图工作区中绘制一个黄色的五角星,然后将其大小修改为 20 像素×20 像素,如图 10-59 所示。

步骤 21 在一个新的影片剪辑 "牌子 A" 中,创建一个字号为 20 的红色动态文本,并修改其变量为 "_root.scoring",然后为其添加一个白色发光的滤镜效果,如图 10-60 所示。

左 图 10-59

右 图 10-60

步骤 22 延长图层的显示帧到第 6 帧,然后将第 7 帧转换为空白关键帧。

步骤 23 插入一个新图层,通过动作面板为该图层的第 1 帧、第 7 帧分别添加如下动作代码。

```
stop();
```

步骤 24 将第 2 帧转换为空白关键帧,为其添加声音 sound2,设置同步为事件重复 1 次。

步骤 25 新建一个名为 "牌子 B" 的影片剪辑,在该元件中编辑出一个闪光放大的形状补间动画,长度为 6 帧,然后将第 7 帧转换为空白关键帧,如图 10-61 所示。

步骤 26 插入一个新图层,通过动作面板为该图层的第 1 帧、第 7 帧分别添加如下动作代码。

```
stop();
```

步骤 27 将第 2 帧转换为空白关键帧,为其添加声音 sound3,设置同步为事件重复 1 次。

步骤 28 执行 "插入→新建元件" 命令,创建一个新的影片剪辑 "嘴",在该元件的绘图工作区中,使用透明的黄色绘制出一个直径为 3 像素的圆,如图 10-62 所示。

左 图 10-61

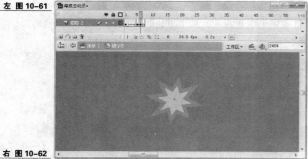

右 图 10-62

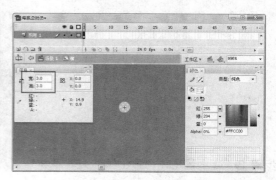

步骤 29　新建一个名为 "鱼 A" 的影片剪辑，在该元件的绘图工作区中，绘制出一条红鱼的图形，注意将鱼的大小控制在宽 150 像素、高 100 像素左右，以配合动作脚本对其进行移动控制，如图 10-63 所示。

步骤 30　将 "鱼 A" 的影片剪辑放置到一个新的影片剪辑 "鱼" 中，将其大小修改为原来的 20%，实例名改为 "fishA"，如图 10-64 所示。

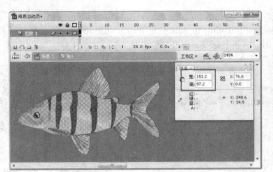

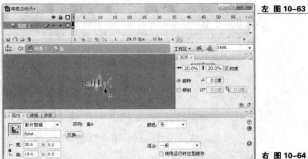

左　图 10-63

右　图 10-64

步骤 31　通过动作面板为其添加如下动作代码。

```
onClipEvent (enterFrame) {
//按帧频重复加载
 if (_root.score>=1000) {
//当积分大于或等于1000时
        this._xscale = 40;
        this._yscale = 40;
//该元件的比例为40%，即长大了20%
        _root.grade = 2;
//等级变为2
 }
 if (_root.score>=3000) {
        this._xscale = 60;
        this._yscale = 60;
        _root.grade = 3;
 }
//当积分大于或等于3000时，鱼长大到3级
 if (_root.score>=6000) {
        this._xscale = 80;
        this._yscale = 80;
        _root.grade = 4;
 }
//当积分大于或等于6000时，鱼长大到4级
 if (_root.score>=12000) {
        this._xscale = 100;
        this._yscale = 100;
        _root.grade = 5;
 }
//当积分大于或等于12000时，鱼长大到5级
 if (_root.score>=15000) {
```

```
                _root.gotoAndStop("win");
        }
        //当积分大于或等于 15000 时，影片转到 "win" 帧并停止，即游戏胜利画面
        }
```

步骤 32　插入一个新的图层，将影片剪辑"嘴"拖曳到该图层中，并放置到鱼嘴的位置，调整好其大小，该元件越大，则鱼嘴越大，就越容易吃到东西，然后将其实例名修改为"rostraA"，如图 10-65 所示。

步骤 33　将第 2 帧转换为空白关键帧，并在第 1 帧上添加如下动作代码。

```
        stop();
```

步骤 34　按下组合键"Ctrl+F8"创建一个影片剪辑，将其命名为"鱼 B"，在该元件的绘图工作区中绘制出一条黄色的小鱼，注意将鱼的大小控制在宽 20 像素、高 10 像素左右，如图 10-66 所示。

左 **图 10-65**

右 **图 10-66**

步骤 35　在一个新的影片剪辑"鱼 C"中绘制出一条绿色的鱼，注意将鱼的大小控制在宽 40 像素、高 20 像素左右，然后插入一个新的图层，将影片剪辑"嘴"从元件库拖曳到该图层中，并放置到鱼嘴的位置，调整好其大小，然后将其实例名修改为"rostraC"，如图 10-67 所示。

步骤 36　参照影片剪辑"鱼 C"的编辑方法，依次编辑出影片剪辑"鱼 D"、"鱼 E"、"鱼 F"、"鱼 G"，如图 10-68 所示。

左 **图 10-67**

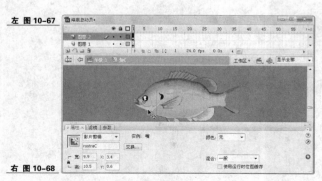
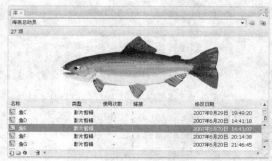

右 **图 10-68**

步骤 37　执行"插入→新建元件"命令，创建一个新的影片剪辑"WIN"，在该影片剪辑中编辑出表示游戏胜利的画面，如图 10-69 所示。

图 10-69

步骤 38 从元件库中将按钮元件"按钮"拖曳到绘图工作区中，再将其移动到文字"REPLAY"
上方，然后通过动作面板为其添加如下动作代码。

```
on (press) {
//按下按钮
stopAllSounds();
//停止全部声音
_root.gotoAndStop("start");
//影片转到"start"帧并停止，即回到开始界面
}
```

步骤 39 参照影片剪辑"WIN"的编辑方法，编辑出一个表示游戏失败画面的影片剪辑
"OVER"，如图 10-70 所示。

步骤 40 回到主场景中，将图层 1 改名为"黑框"，在绘图工作区中绘制出一个只显示舞台
的黑框，然后将第 2 帧至第 5 帧全部转换为关键帧，依次修改它们的帧标签为"start"、
"help"、"game"、"over"、"win"。

步骤 41 在"黑框"图层的下方插入一个新的图层，将其命名为"背景"，在该图层的绘图
工作区中，配合使用各种工具绘制出一个美丽的海底世界，如图 10-71 所示。

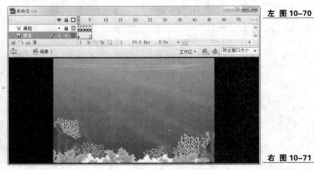

左 图 10-70

右 图 10-71

步骤 42 从元件库中将影片剪辑"鱼群"、"鳞光"、"气泡"拖入到绘图工作区中，调整好它
们的大小和位置，如图 10-72 所示。

步骤 43 分别将影片剪辑"鱼群"的实例名修改为"bevy"，影片剪辑"气泡"的实例名修
改为"air"。

步骤 44 在"背景"图层的上方插入一个新的图层，将其命名为"记分"，再将影片剪辑"片头"从元件库中拖曳到该图层中，调整好其大小和位置，如图 10-73 所示。

左 图 10-72

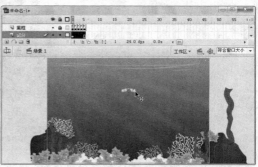

右 图 10-73

步骤 45 为该图层的第 1 帧添加一个声音 sound4，设置同步为"事件"、"循环"。

步骤 46 将"记分"图层的第 2 帧、第 3 帧转换为空白关键帧，然后将影片剪辑"说明"拖曳到第 2 帧的舞台中，调整好其大小和位置，如图 10-74 所示。

图 10-74

步骤 47 通过动作面板为影片剪辑"说明"添加如下动作代码。

```
onClipEvent (load) {
//进入帧
 this._alpha = 0;
//设置该元件透明
}
onClipEvent (enterFrame) {
//以帧频反复加载
 if (this._alpha<100) {
//当透明度小于100时
    this._alpha += 8;
//透明度递加，即慢慢不透明
 }
//通过上面的动作代码，可以得到该元件在被载入时淡入显示的动画效果
}
```

步骤 48 将影片剪辑"牌子 A"、"牌子 B"、"鱼 A"拖曳到"记分"图层的第 3 帧中，修改影片剪辑"牌子 A"、"牌子 B"的实例名为"brandA"、"brandB"，再调整好它们的位置，如图 10-75 所示。

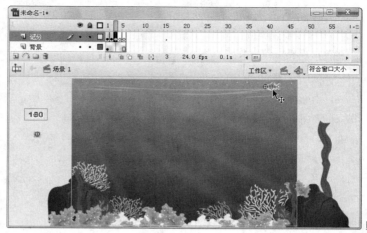

图 10-75

步骤 49 为影片剪辑"牌子 A"添加如下动作代码。

```
onClipEvent (enterFrame) {
  this._y-=8;
}
//该元件向上移动
```

步骤 50 为影片剪辑"牌子 B"添加如下动作代码。

```
onClipEvent (enterFrame) {
  this.swapDepths(300);
}
//定义该元件在影片中的层次，数字越大层次越高
```

步骤 51 在舞台的左上角编辑出显示得分的记分栏，在右上角编辑表示生命的显示栏，然后在各栏中分别创建两个动态文本，并将其变量修改为"_root.score"、"_root.life"，如图 10-76 所示。

步骤 52 将第 4 帧转换为关键帧，将影片剪辑"OVER"放置到该帧舞台的上方，并为其添加一个白色发光的滤镜效果，设置模糊为 30，颜色为白色，如图 10-77 所示。

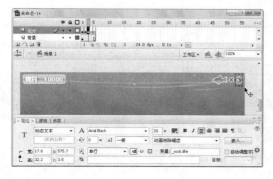

左 图 10-76

右 图 10-77

步骤 53 通过动作面板为影片剪辑"OVER"添加如下动作代码。

```
onClipEvent (load) {
//进入帧
 this._alpha = 0;
//设置该元件透明
 this.swapDepths(400);
//定义该元件的层次
}
onClipEvent (enterFrame) {
//以帧频反复加载
 if (this._alpha<100) {
//当透明度小于 100 时
    this._alpha += 3;
//透明度递加，即慢慢不透明
 }
 if (this._y<155) {
//当该元件的纵向位置小于 155
    this._y += 10;
//该元件向下移动
 }
//通过上面的动作代码，可以得到该元件向下淡入的动画效果
}
```

步骤 54 参照第 4 帧的编辑方法，编辑出表示游戏胜利的第 5 帧。

步骤 55 在"背景"图层的上方插入一个新的图层"其他的鱼"，将影片剪辑"鱼 B"至"鱼 G"全部拖曳到第 3 帧的绘图工作区中，再依次修改它们的实例名为"fishC"、"fishD"、……、"fishG"，最后将第 5 帧转换为空白关键帧，如图 10-78所示。

图 10-78

步骤 56 选中影片剪辑"鱼 B"，为其添加如下动作代码。

```
onClipEvent (load) {
//进入帧
 function reset() {
```

```
//自定义一个函数
    fB = random(2);
//定义变量 fB 为 0 或 1
 if(fB == 1){
//当变量 fB 为 1 时
    speed = random(8)+4;
//定义速度为 4 至 11
    _y = random(200)+100;
    _x = random(100)+600;
//出现在舞台右边的随机位置
    _xscale=100;
//鱼头向左，即鱼从右向左运动
 }
 if(fB == 0){
    speed = random(8)+4;
    _y = random(200)+100;
    _x = random(100)-300;
    _xscale=-100;
//定义鱼从左向右运动的情况
 }
 }
 reset();
//执行自定义函数
}
onClipEvent (enterFrame) {
//以帧频反复加载
    if (this.hitTest(_root.fishA.rostraA)) {
//当碰到影片剪辑"鱼 A"时，即被玩家控制的鱼吃掉时
        _root.brandA.gotoAndPlay(2);
        _root.brandA._x=_root.fishA._x;
        _root.brandA._y=_root.fishA._y;
//出现影片剪辑"牌子 A"
        _root.score+=50;
//积分加 50
        _root.scoring=50;
//影片剪辑"牌子 A"显示 50
        reset();
//重新调用自定义函数
    }
 if(fB == 1){_x -= speed;if (_x<-20) {reset();}}
 if(fB == 0){_x += speed;if (_x>720) {reset();}}
 if (_y<30 and _y>350) {reset();}}
//定义当该元件移动到舞台外时，重新调用自定义函数
```

步骤 57 选中影片剪辑"鱼 C"，为其添加如下动作代码。

```
onClipEvent (load) {
 function reset() {
    fB = random(2);
```

```
        if(fB == 1){
            speed = random(8)+4;
            _y = random(200)+100;
            _x = random(100)+600;
            _xscale=100;
        }
        if(fB == 0){
            speed = random(8)+4;
            _y = random(200)+100;
            _x = random(100)-300;
            _xscale=-100;
        }
    }
    reset();
}
//自定义函数设置该元件的初始状态
onClipEvent (enterFrame) {
        if (this.rostraC.hitTest(_root.fishA) and _root.grade<2) {
//当碰到影片剪辑"鱼A"并且等级小于2时,即玩家控制的鱼没这条鱼大,被其吃掉
            _root.brandB.gotoAndPlay(2);
            _root.brandB._x=_x;
            _root.brandB._y=_y;
//显示玩家被吃掉
            _root.life-=1;
//生命值减1
            _root.fishA._y=-200;
//影片剪辑"鱼A"移动到舞台外,即重新加载
        }
        if (this.hitTest(_root.fishA.rostraA) and _root.grade>=2) {
            _root.brandA.gotoAndPlay(2);
            _root.brandA._x=_root.fishA._x;
            _root.brandA._y=_root.fishA._y;
            _root.score+=70;
            _root.scoring=70;
            reset();
        }
//当碰到影片剪辑"鱼A"并且等级大于或等于2时,即玩家控制的鱼比这条鱼大,将其吃掉
    if(fB = = 1){_x -= speed;if (_x<-20) {reset();}}
    if(fB = = 0){_x += speed;if (_x>720) {reset();}}
    if (_y<30 and _y>350) {reset();}}
//定义当该元件移动到舞台外时,重新调用自定义函数
```

步骤 58 参照影片剪辑"鱼 C"上的动作代码,为"鱼 D"至"鱼 G"添加上相应的动作代码。

步骤 59 将影片剪辑"星"放置到"其他的鱼"图层第 3 帧舞台的上方,修改其实例名为"star",如图 10-79 所示。

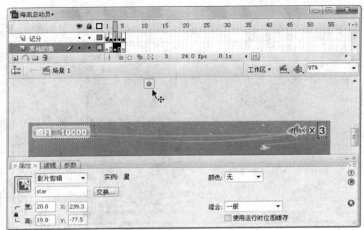

图 10-79

步骤 60 选中影片剪辑"星",为其添加如下动作代码。

```
onClipEvent (load) {
//进入帧
 function reset() {
        fB = random(300);
        speed = 14;
        _y = random(200)-320;
        _x = random(500)+50;
 }
//创建一个新的函数，用于定义影片剪辑"星"的出现位置及运动速度
 reset();
}
onClipEvent (enterFrame) {
    if (this.hitTest(_root.fishA)) {
            _root.brandA.gotoAndPlay(2);
            _root.brandA._x=_root.fishA._x;
            _root.brandA._y=_root.fishA._y;
            _root.score+=300;
            _root.scoring=300;
            reset();
    }
//该元件与影片剪辑"鱼A"碰撞时，出现影片剪辑"牌子A"，并加300分
 if(fB = = 1){_y += speed;
}else{
reset();
}
//变量 fB 的值为 1 时，该元件向下运动，否则，重新加载自定义函数
 if (_y>550) {
    reset();
 }
//当该元件移动到界外时，重新加载自定义函数
}
```

步骤 61 在"其他的鱼"图层上方新建一个图层，将其命名为"小红鱼"，将影片剪辑"鱼A"拖曳到该图层的第 3 帧中，再修改其实例名为"fishA"，如图 10-80 所示。

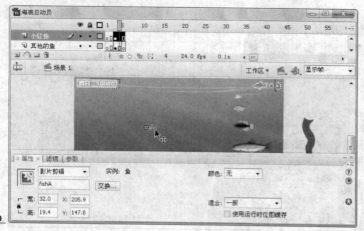

图 10-80

步骤 62 选中影片剪辑"鱼 A",为其添加如下动作代码。

```
onClipEvent (enterFrame) {
//以帧频反复加载
 _root.fishA._x += (_root._xmouse-_root.fishA._x)/20;
 _root.fishA._y += (_root._ymouse-_root.fishA._y)/20;
//根据鼠标的位置计算该元件的位置
 if (_root._xmouse>=_root.fishA._x) {
      _root.fishA._xscale = -100;
 }
//当鼠标在该元件的右边时,鱼头向右
 if (_root._xmouse<_root.fishA._x) {
      _root.fishA._xscale = 100;
 }
//当鼠标在该元件的左边时,鱼头向左
 if (_root.life<0) {
      _root.gotoAndStop("over");
      this.gotoAndStop(2);
      _root.life=0;
 }
//当生命数小于 0 时,影片转到"over"帧,该元件转到第 2 帧
}
```

步骤 63 分别选中"黑框"图层的第 1 帧和第 4 帧,依次为其添加如下动作代码。

```
stop();
//影片停止
function clean() {
//自定义一个清除函数
 for (i in _root) {
      _root[i].removeMovieClip();
 }
      for (j in _root) {
      _root[j].removeMovieClip();
 }
      for (k in _root) {
      _root[k].removeMovieClip();
 }
```

```
//设置清除对象
}
_root.clean();
//执行清除函数
```

步骤 64 选中"黑框"图层的第 3 帧，为其添加如下动作代码。

```
stop();
_root.score=0;
_root.grade=1;
_root.life=3;
//定义积分、等级、生命的初始值
for(i=0;i<3;i++)
//定义 i 值在 0 至 3 间循环
{duplicateMovieClip("fishB","newB"+i,10+i)
//根据 i 值复制影片剪辑"鱼 B"，这时舞台中就会出现 4 个影片剪辑"鱼 B"
}
for(j=0;j<2;j++)
{duplicateMovieClip("fishC","newC"+j,20+j)
}
for(h=0;h<1;h++)
{duplicateMovieClip("fishD","newD"+h,30+h)
}
//复制得到其他不同的鱼
```

步骤 65 保存文件，测试影片，如图 10-81 所示。

图 10-81

请打开本书配套光盘中"\实例文件\第 10 章\课堂练习\"目录下的"海底总动员.fla"文件，查看本实例的具体设置。

课后实训——手机游戏：贪吃蛇

影片项目文件	光盘\实例文件\第 10 章\课后实训\贪吃蛇.fla
影片输出文件	光盘\实例文件\第 10 章\课后实训\Export\贪吃蛇.swf
影片素材目录	光盘\实例文件\第 10 章\课后实训\Media\
视频演示文件	光盘\实例文件\第 10 章\课后实训\视频演示\演示录像-乐来乐好听.avi

前面介绍了 Flash 游戏的应用领域不仅只是在计算机上，同时也可以应用到手机上。Adobe Macromedia Flash Lite 就是用于移动设备的 Adobe Flash Player 的一个版本，它可以将 Flash 的功能与目前市场上移动设备的处理能力和配置进行了整合，这样用户可以在手机上观看 Flash 制作的动画、运行 Flash 制作的小游戏。

图 10-82

使用 Flash 制作手机游戏，主要是使用 Flash Lite Action Script 动作脚本来进行编程来实现，在通过 Flash 的模拟手机功能，测试制作完成的游戏。其制作过程主要包括下面几点。

（1）从模板创建手机应用影片文件。

（2）创建各种元件，然后使用 Flash Lite Action Script 动作脚本编辑程序。

（3）使用 Flash 的手机模拟功能，测试游戏在各种手机上的实际表现。

图 10-83

Flash Lite Action Script 动作脚本的语言结构和使用规则与 Action Script 1.0 较为相似，因此与 Action Script 2.0 的差距也不算太大，熟悉 Action Script 2.0 的读者，对 Flash Lite Action Script 动作脚本也是很容易上手的。